Peter von den Kerkhoff / Dr. Helmut Haagen
Lackschadenkatalog/Catalogue of Paint Damage Types

Peter von den Kerkhoff / Dr. Helmut Haagen

Lackschadenkatalog

Catalogue of Paint Damage Types

Vogel Buchverlag

Peter von den Kerkhoff
Der 1958 geborene Wuppertaler entdeckte nach der Ausbildung zum Lacklaboranten sein Interesse an der Fotomikroskopie von Lacken. Ab 1983 war er beim Aufbau einer mikroskopischen Fachabteilung mit dem Schwerpunkt «Darstellung und Analyse von Lackschäden» beteiligt. Seit 1992 hat er eine leitende Funktion im Produktmanagement Autoreparaturlacke eines großen europäischen Lackherstellers inne.

Dr. Helmut Haagen
Geb. 1927, übernahm 1968, nach 10jähriger Tätigkeit in der Lackindustrie, die Leitung der Anwendungstechnischen Abteilung des Forschungsinstituts für Pigmente und Lacke e.V., Stuttgart. Schwerpunkte seiner Tätigkeit bildeten in den letzten Jahren die Beschichtung verzinkter Untergründe und von Aluminium sowie die Ausbildung von Kfz-Ingenieuren auf dem Pkw-Lacksektor und die Problematik der im Feld an Pkw-Lackierungen auftretenden Umweltschäden industriellen und biologischen Ursprungs.

Die Deutsche Bibliothek – CIP-Einheitsaufnahme

Kerkhoff, Peter von den:
Lackschadenkatalog = Catalogue of paint damage types / Peter von den Kerkhoff ; Helmut Haagen. – 1. Aufl. – Würzburg : Vogel, 1995
(Vogel-Fachbuch)
ISBN 3-8023-1558-8
NE: Haagen, Helmut:; HST

ISBN 3-8023-1558-8
1. Auflage 1995

Printed in Germany
Satz: Vogel Buchverlag, Würzburg
Druck und Bindung: Alois Erdl KG, Trostberg

Vorwort

Dieses Buch gibt einen fotografischen Überblick über die am häufigsten auftretenden Lackschäden an Fahrzeugen, verursacht durch biologische, chemische und industrielle Einflüsse im Feld.

Bei den Fotografien handelt es sich in der Regel um makroskopische und mikroskopische Aufnahmen mit einer Vergrößerung bis maximal 50fach. Zu jedem Thema existiert ein Foto in Originalgröße, so daß es auch ohne Hinzunahme optischer Hilfsmittel möglich ist, Zuordnungen bei auftretenden Schäden zu treffen. Darüber hinaus werden alltägliche Lackierfehler fotografisch dokumentiert und beschrieben.

Der Feldschadenkatalog soll zum einen all denen helfen, die in irgendeiner Weise mit Lackschäden an Fahrzeugen konfrontiert werden, und zum anderen transparent machen, daß bis heute noch kein Lacksystem existiert, das gegen aggressive biologische und chemische Einflüsse, dazu zählen insbesondere auch Vogelkot und Insektensekrete, resistent ist.

Unser besonderer Dank gilt Herrn Werner Stephan und dem Forschungsinstitut für Pigmente und Lacke e.V. Stuttgart, ohne deren Hilfe eine Veröffentlichung in diesem Umfang nicht möglich gewesen wäre.

Wuppertal — Peter von den Kerkhoff
Böblingen — Dr. Helmut Haagen

Preface

This book provides a photographic overview of the most frequent paint damages on vehicles caused by biological, chemical and industrial influences.

Most of the photographs are macroscopic and microscopic reproductions magnified up to max. 50x. Each type of damage is documented by an original-size photograph, so that damages in the field can be assessed even without the help of optical devices.

Moreover, this book describes common painting flaws and documents them by photographs, too.

On the one hand, the catalogue of field damage types is to help all those who are in any way confronted with paint damages on vehicles. On the other, it is to show that, at present, there is no paint system that is fully resistant to aggressive biological and chemical influences including bird droppings and insect secretions.

Our special thanks go to Mr. Werner Stephan and the Forschungsinstitut für Pigmente und Lacke e.V. Stuttgart. Without their assistance and support, a publication of this kind would not have been possible.

Wuppertal — Peter von den Kerkhoff
Böblingen — Dr. Helmut Haagen

Inhaltsverzeichnis

Contents

Allgemeines
General

KAPITEL 1

1 Allgemeines – General

1.1 Feldschäden

Trotz hochentwickelter Lacktechnologien treten immer wieder, unabhängig von dem Typ oder der Preisklasse der Fahrzeuge, Feldschäden z.B. in Form von Anätzungen, verursacht durch Vogelkot, Insektensekrete, Baumharze, etc. auf. Diese teils nur durch Neulackierungen zu behebenden Lackschäden sind von folgenden Faktoren abhängig:

Lacksysteme
Bei der PKW-Serienlackierung (Erstlackierung von Fahrzeugen) werden zur Zeit überwiegend Decklacksysteme eingesetzt, die aus zwei Komponenten bestehen (Stammlack und Härter) oder sogenannte 1K-Systeme (Alkyd/Melamin oder Acryl/Melamin). Die 2K-Systeme weisen aufgrund ihrer chemischen Vernetzung eine weitaus höhere Resistenz gegenüber chemischen und biologischen Einflüssen auf als 1K-Systeme.

Der Trend geht heute immer weiter in Richtung 2-Schicht Systeme, d. h. Basislack (Uni, Metallic oder Pearl) und Klarlack. Bei einer Kontamination mit ätzenden Substanzen wird zuerst die abdeckende Klarlackschicht angegriffen, aber oft gehen die Schäden auch tiefer in die nachfolgenden Schichten.

Aufgrund immer strengerer Umweltschutzgesetze ist jeder Pkw-Hersteller gezwungen, umweltfreundlichere Lacktechnologien einzusetzen. Das führt dazu, daß im Serienbereich immer häufiger wasserverdünnbare Lacksysteme eingesetzt werden.

1.1 Field damage

In spite of highly developed paint technologies and irrespective of the type and price range of the vehicles, field damage, e. g. in the form of etching caused by bird droppings, insect secretions, tree resin, etc. is very frequent. These kinds of paint damage, which in some cases can only be removed by complete resprays, depend on the following factors:

Paint systems
At present, the topcoats used in automotive factory finishing mainly consist of two components (base paint and hardener). Due to their chemical cross-linking, these so-called 2K systems are much more resistant to chemical and biological influences than one-component systems.

Today, there is an increasing tendency towards two-coat systems, i.e. basecoat (solid, metal or pearl) and clear. In case of a contamination with caustic substances, the covering clearcoat is affected first. If a 2K system was used, the risk of lasting damage is relatively low.

Due to increasingly severe environmental legislation, car manufacturers are forced to use more environmentally friendly paint technologies. Consequently, water-borne paint systems are used more and more frequently for factory finishing. As regards the primer, a water-borne cataphoretic dip primer has been used for years now. Its solvent emission is very low. In the meantime, water-borne products have become

Als Grundierung wird schon seit Jahren eine wasserverdünnbare kathaphoretische Tauchgrundierung eingesetzt. Die Lösungsmittelemission ist hier denkbar gering. Im Füller- und Basislackbereich werden mittlerweile immer häufiger wasserverdünnbare Produkte eingesetzt.

Auch wasserverdünnbare Klarlacke sind seit längerer Zeit in der Erprobung und werden auch schon vereinzelt eingesetzt.

Im Reparaturlackbereich ist die Entwicklung von wasserverdünnbaren Produkten in vollem Gange. Auf Wasser basierende Grundmaterialien und Uni-Decklacke sind im Nutzfahrzeugbereich schon seit Jahren im Einsatz.

Seit kurzer Zeit werden auch wasserverdünnbare Basislacke (Metallic, Pearl und Uni) im Markt angeboten. Auf Wasser basierende Reparatur-Klarlacke sind in der Entwicklung. Bezüglich der Widerstandsfähigkeit gegenüber biologischen und chemischen Einflüssen sind die wasserverdünnbaren Systeme in etwa mit den konventionellen Systemen zu vergleichen.

Zu erwähnen ist die Zeit unmittelbar nach der Fertigstellung der Reparaturlackierung. Auch die 2K-Systeme brauchen nach der Trocknung noch einige Zeit, um ihre optimalen technologischen Eigenschaften zu erreichen. Es sollte nach der Fertigstellung der Lackierung noch einige Tage verstärkt auf eventuelle biologische und chemische Kontaminationen geachtet werden. Bei Kunstharzsystemen trifft dies in noch größerem Maße zu.

more frequent for fillers and basecoats, too. Water-borne clears have been tested for some time now and in some cases, they are already used today.

As regards refinishing, the development of water-borne products is well under way. Water-borne primer materials and solid topcoats have been used for years now. More recently, water-borne basecoats (metallic, pearlescent and solid) have been introduced to the market, too. Water-borne refinishing clears are currently being developed. With regard to the resistance to biological and chemical influences, water-borne systems are more or less comparable to conventional systems.

What's important, too, is the time immediately after the completion of the finish.

The 2K systems also need some time to reach their optimum technological characteristics. After the completion of the finish, special attention should be paid for some days to possible biological and chemical contaminations. Synthetic resin systems are even more delicate.

Witterung

Bei sommerlichen Temperaturen und Sonneneinstrahlung erwärmt sich die Lackoberfläche sehr stark, und eine ätzende oder diffusionsfähige Substanz hat bei hohen Temperaturen einen weitaus höheren Wirkungsgrad als bei niedrigen Temperaturen. Nur im Sommer tritt nach Parken unter Bäumen das Problem der Kontamination mit Baumharz und Blattlaussekreten in Form von kleinen Harz-Tröpfchen auf.

Die Anzahl der Insekten ist in den Sommermonaten gegenüber den restlichen Monaten weitaus höher.

Bei häufigen Regenintervallen werden die Ablagerungen weggespült, und eine Schädigung findet aufgrund der geringeren Einwirkzeit nur begrenzt statt.

Farbton

Der Farbton ist aus zwei Gründen ein wichtiger Faktor. Zum einen erwärmt sich bei Sonneneinstrahlung ein Fahrzeug mit dunkler Lackierung stärker als ein Fahrzeug mit heller Lackierung, und zum anderen fällt eine Schädigung an einem dunklen Fahrzeug gegenüber einem Fahrzeug mit heller Lackierung weitaus schneller auf. Man denke nur an die Waschkratzer, die die Waschanlage auf der Lackoberfläche hinterläßt. Es ist also möglich, daß an einem hellen PKW vorhandene Feldschäden nicht auffallen, die bei einem dunklen PKW schon zu Reparaturen Anlaß geben. Außerdem gibt es einige chemische Reaktionen die zu Farbtonveränderungen führen können, die je nach Intensität bei einzelnen Farbtönen besser oder schlechter zu erkennen sind.

Weather

At summery temperatures and in the sunshine, the paint surface gets very hot, and a caustic substance has much more effect at high temperatures than at low ones.

It is only during the summer that vehicles which were parked under trees show tree resin and green fly contaminations in the form of small resin droplets.

Also, the number of insects is much higher in the summer months than during the rest of the year.

Colour shade

For two reasons, the colour shade is an important factor. On the one hand, a vehicle with a dark finish becomes much hotter than one with a bright finish, and on the other, a damage done to a dark vehicle is much more obvious. Just think of the scratches left by a car wash on the paint surface. It is therefore possible that existing field damage on a light-coloured car is hardly noticed while a dark car with the same damage would need to be repaired.

Moreover, there are some chemical reactions causing modifications of the colour shade that are more obvious in some colours than in others.

Einwirkzeit
Die Einwirkzeit ist der wichtigste Faktor zur Regulierung der Schadensintensität. Bei einer Kontamination der Lackoberfläche mit schädigenden Substanzen ist es wichtig, diese Substanzen schnellstmöglich zu entfernen. Bei sofortigem Entfernen ist eine Schädigung in der Regel auszuschließen, Ausnahmen bilden hier lediglich konzentrierte Säuren oder ähnlich aggressive Medien.

Fahrzeugbereich
Waagerechte Flächen werden aufgrund der erhöhten Sonneneinstrahlung (erhöhte Temperatur) und der besseren Aufnahmefähigkeit intensiver belastet als senkrechte Flächen. Außerdem lassen sich waagerechte Flächen gegenüber senkrechten Flächen visuell besser begutachten. Thermisch belastete Fahrzeugteile wie z.B. Motorhauben sind ebenfalls stärker gefährdet.

1.2 Lackierfehler

Bei der Konstruktion eines Fahrzeuges stellt der Farbton einen immer größer werdenden Unterscheidungsfaktor zwischen den einzelnen Typen dar. Da die Formgebung u.a. durch Tests im Windkanal maßgeblich beeinflußt wird, gleichen sich die Formen immer weiter an. Somit wird der Farbton zu einem wichtigen Teil der Verkaufsstrategie.

Es gibt immer mehr ausgefallene Farbtöne, die teilweise nur noch in 3-Schicht- und 4-Schicht-Aufbauten zu applizieren sind.

Eine entsprechende Reparaturlackierung wird immer schwieriger, und es ist jahrelange Erfahrung erforderlich, um diese Farbtöne fehlerfrei zu lackieren.

Reaction time
The reaction time is the most important factor determining the severeness of the damage. When the paint surface is contaminated by harmful substances, these should be removed as soon as possible. If they are removed immediately, damage can usually be avoided completely, except in the case of concentrated acids or similarly aggressive media.

Vehicle parts
Due to direct sunshine (higher temperatures) and higher absorption, horizontal areas are more damage-prone than vertical areas. And horizontal areas are easier to inspect visually than vertical areas.

Vehicle parts subject to thermal strain, e. g. engine hoods, are more likely to be damaged, too.

1.2 Refinishing flaws

When designing a vehicle, colour is becoming an increasingly important feature for distinguishing between individual types. One outcome of the aerodynamic tests in wind tunnels, for instance, is that the shape of the vehicles is becoming more and more uniform. Colour is becoming an important element in the sales strategy. This has given rise to a growing number of unusual colours, some of which can only be applied in three or four coats. Such colours are correspondingly more difficult to refinish and it takes years of experience to apply these colours perfectly.

For economic reasons it is not always possible for a refinisher to have the most

Außerdem kann man aus wirtschaftlichen Gründen nicht immer das neueste Equipment besitzen, und man wird gezwungen, immer mehr Zeit einzusparen, um wettbewerbsfähig zu bleiben. Eine logische Konsequenz ist eine Zunahme der Lackierfehler, die direkt oder indirekt mit der Reparaturlackierung in Zusammenhang stehen.

Im zweiten Teil dieses Buches sind eine Reihe von Lackierfehlern aufgezeigt, deren Ursache erklärt und ein Lösungsweg zur Behebung dieser Störung angegeben.

1.3 Präparation

Um den Eindruck abzurunden, werden einige Störungen in einer speziellen Präparationstechnik gezeigt. Bei dieser Präparationstechnik (Querschlifftechnik) wird eine Fehlstelle im Lack mit Substrat hochkant in ein Gießharz eingebettet und nach Aushärten des Gießharzes ebenfalls hochkant mit Schleifpapieren verschiedener Körnungen bis zur Fehlstelle mit einer speziellen Maschine geschliffen. Zum Abschluß erfolgt eine Politur mit Diamantpaste.

Nach diesem Prozedere kann das Präparat mikroskopisch untersucht werden. Der gesamte Lackaufbau ist im Querschnitt zu erkennen, und so ist es zum einen möglich, nachzuvollziehen um welche Störung es sich handelt, falls diese nicht schon in der Aufsicht eindeutig zu erkennen ist, und zum anderen zu erkennen, in welcher Schicht die Störung ihren Ursprung hat. Außerdem kann man anhand dieses Querschliffes lichtmikroskopisch die Schichtdicken der einzelnen Lackschichten bis auf 1 Micron genau vermessen.

recent equipment, and at the same time he has to save more and more time in order to remain competitive. Consequently, the number of flaws directly or indirectly linked to the refinishing process is on the increase. The second part of this book lists a number of refinishing flaws, explains their causes and shows how these flaws can be remedied.

1.3 Preparation

In order to round off the impression, some defects are shown by means of a special preparation technique (cross-section): the defect area in the paint coat including the substrate is embedded edgewise in a resin cast. After the resin cast has hardened, it is sanded on end, too, with the help of a special machine and sanding papers with various grain sizes. Finally, it is polished with diamond paste.

After this procedure, the preparation can be examined under the microscope. As the sectional view shows the complete paint build-up, it is possible to determine the kind of defect that is causing the problems if this had not been possible before. On the other hand, we can see in which layer the defect has originated. Moreover, this sectional view enables us to measure the thickness of the individual paint coats with the help of the light-optical microscope precisely up to 1 micron.

This preparation technique is commonly used in defect analysis. The opti-

Diese Präparationstechnik ist bei der Fehlstellenanalytik eine gängige Methode. Zur optimalen Darstellung dieser Technik ist allerdings eine höhere mikroskopische Vergrößerung erforderlich, in der Regel werden Vergrößerungen bis zu 500fach eingesetzt.

Falls es erforderlich ist, einzelne Fehlstellen aufzubereiten, um bessere Aussagen bezüglich der Fehlerursache machen zu können, z.B. bei Wasserblasen oder Poren, ist es im Normalfall ausreichend, mit einem Skalpell und einer Lupe diese Störungen zu bearbeiten. Hierfür stehen spezielle Skalpelle und optische Hilfsmittel zur Verfügung.

1.4 Mikroskopie

Zur Erstellung der makroskopischen Aufnahmen in diesem Lackschadenkatalog wurde das neue Stereomikroskop M10 der Firma Leica eingesetzt. Mit diesem Stereomikroskop, das sich durch außerordentlich gute optische Qualität und Abbildungsschärfe auszeichnet, war es möglich, auch die kleinsten Details der Schadensbilder fotografisch zu dokumentieren.

Die makroskopischen Fotos wurden mit zwei verschiedenen Beleuchtungstechniken aufgenommen. Zum einen mit einer Schräglichtbeleuchtung und zum anderen mit einer Koaxialbeleuchtung.

Schräglichtbeleuchtung

Bei der Schräglichtbeleuchtung erzeugt man aufgrund der produzierten Schatten ein plastisches Bild mit einem Original-Farbeindruck. Je nach Einfallswinkel des Lichtes kann man den Topographieeffekt verstärken oder ab-

mum representation of this technique requires a higher microscopic magnification, however. As a rule, magnifications up to 500x are used.

If it is necessary to manipulate a defect in order to determine its cause, e. g. in the case of water bubbles or pores, it is usually sufficient to use a scalpel and a magnifying glass. Special scalpels and optical devices are available for this purpose.

1.4 Microscope

The macroscopic pictures in this catalogue of field damage types were made with the new M10 stereo microscope from Leica. This stereo microscope featuring excellent optical quality and crisp reproduction made it possible to photograph even the smallest details of the defects.

Two different illumination techniques were used to take the macroscopic photos: oblique illumination and coaxial illumination.

Oblique illumination

With oblique illumination, the shadows produce a plastic picture with original colour impression. The individual angle of light incidence determines the topographic effect. Smaller bumps cannot be shown with this method, however. If only the colour impression matters, the pictures can be taken without shadows, too.

schwächen. Kleinere Unebenheiten können so allerdings nicht dargestellt werden. Eine Abbildung ohne Schatten ist ebenfalls möglich, falls es nur auf den Farbeindruck ankommt.

Koaxialbeleuchtung
Die Koaxialbeleuchtung erzeugt einen Reflex auf der Probenoberfläche. Hierdurch werden auch kleinste Unebenheiten auf der Lackoberfläche sichtbar gemacht. Der große Nachteil dieser Beleuchtungstechnik liegt darin, daß eine Echtfarbendarstellung nicht möglich ist. Es ist jedoch die einzige Technik um in einem solchen Vergrößerungsbereich einen optimalen Eindruck über die Oberflächentopographie zu erhalten.

Coaxial illumination
Coaxial illumination produces a reflectance on the sample surface, making even the smallest bumps on the paint surface visible. This illumination technique cannot be used to document the actual colour, but it is the only technique giving an optimum impression of the surface topography in this range of magnification.

1.5 Fotografie

Damit es auch möglich ist, ohne optische Hilfsmittel Fehlerzuordnungen mittels des Lackschadenkataloges zu treffen, wurde in diesem Buch Wert darauf gelegt, so gut wie alle Schäden in einem Maßstab von 1:1 abzubilden. Diese Aufnahmen wurden mit einer Kleinbild-Spiegelreflexkamera und einem Makroobjektiv mit 100 mm Brennweite gemacht. Als Film diente ein 100 ASA (21 DIN) 24x36 mm Kleinbild-Negativfilm. Zur besseren Handhabung wurde die Kamera auf ein Stativ gesetzt. Diese Maßnahme ist nicht unbedingt erforderlich und nur bei längeren Belichtungszeiten (länger als 1/60 s) notwendig.

Auch hier wurden wieder zwei Beleuchtungstechniken eingesetzt. Zum einen eine normale Blitzbeleuchtung mit zwei Blitzkörpern (eine indirekte

1.5 Photography

In order to enable the readers of this catalogue to recognize defects without the help of optical devices, we have reproduced almost all defects on a scale of 1:1. These reproductions were made with a 35-mm reflex camera, a macro lens with a focal length of 100 mm and a 100 ASA (21 DIN) 24x36 mm miniature negative film. The camera was put on a stand for better handling. Except for extended exposure (more than 1/60 sec.), it is not necessarily required to put the camera on a stand.

Here, too, we used two illumination techniques. On the one hand, normal flash light with two photoflash lamps was used (indirect flashlight with one photoflash lamp would generate similar results). On the other, multiple light sources (in this case several neon lamps side by side with a metal grid on top,

Blitzbeleuchtung mit einem Blitz würde in etwa gleiche Ergebnisse bringen). Zum anderen wurde eine Mehrfachlichtquelle (in diesem Falle mehrere Leuchtstoffröhren nebeneinander angeordnet) mit einen Metallgitter auf die Lackoberfläche gespiegelt (Bild 19.1).

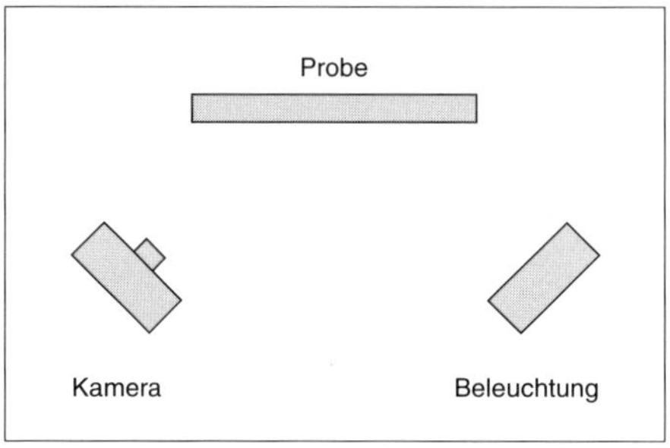

Bild 20.1 Schematische Darstellung der Reflexbeleuchtung.

Hierdurch wurde ein Effekt erzielt, der der aus der Mikroskopie bekannten Koaxialbeleuchtung ähnlich ist (siehe 1.4 Mikroskopie).

Die auf den folgenden Seiten dokumentierten Schadensbilder wurden überwiegend in Originalgröße abgebildet um im Schadensfall bessere Vergleiche, auch ohne zusätzliche optische Hilfe, anstellen zu können. Höhere Vergrößerungen, zum Teil bis 100fach, helfen den Grad der Schädigung und damit auch den zu erwartenden Aufwand im Fall einer Reparatur zu ermitteln.

reflecting on the paint surface, figure 19.1). This configuration generates an effect that is similar to the one produced by coaxial illumination used in microscopic optics (see 1.4 Microscope).

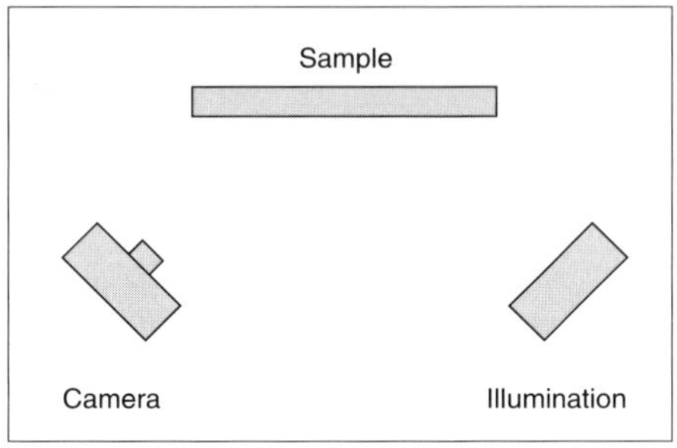

Figure 20.1 Schematic representation of reflex illumination.

The majority of the damages documented on the following pages are shown in their original size in order to enable comparison even without the help of optical devices.

Higher magnifications, in some cases up to 100x, serve to determine the severeness of the damage and the extent of the repair work required.

Biologische Einflüsse
Biological influences

KAPITEL 2

2 Biologische Einflüsse

Dieses Kapitel, das sich mit Lackschädigungen verursacht durch Pflanzen oder Tiersekrete auseinandersetzt, ist aufgrund der Schadenhäufigkeit der mit Abstand wichtigste Teil in diesem Buch.

Unter Schädigungen hervorgerufen durch biologische Einflüsse versteht man alle die Feldschäden, deren Ursache in der Einwirkung von organischen Substanzen begründet sind.

Auch der beste 2K-Lack ist ein organischer Überzug der zwar weitgehend chemikalienbeständig ist, bei biologischen Einflüssen wie Insektensekreten, Bienenkot, Vogelkot, etc. sorgen jedoch in den Ausscheidungen befindliche Fermente wie z.B. Pankreatin zu einer Zerstörung der Lackoberfläche (bei entsprechenden Voraussetzungen). Es gibt zur Zeit keinen für die Automobillackierung geeigneten organischen Lackrohstoff der gegen diese Einflüsse resistent ist.

Wie schon im Kapitel 1 (Allgemeines) erwähnt ist das Schadensbild von vielen Faktoren abhängig. Es muß bei Beaufschlagung eines beliebigen Tier- oder Pflanzensekretes nicht immer zu einer Lackschädigung kommen. Diese hängt im von der Art des Sekrets, der Lackqualität und weiteren Einflüssen wie Temperatur, Feuchtigkeit usw. ab.

Da im allgemeinen nicht bekannt ist, um welches Sekret es sich handelt und die in diesem Kapitel aufgeführten Schädigungen grundsätzlich möglich sind, ist es ratsam, biologische Kontaminationen schnellstmöglich zu beseitigen.

2 Biological influences

This chapter dealing with paint damages caused by plant or animal secretions is by far the most important part of this book because these damages occur most frequently.

Damages caused by biological influences are field damages caused by the effect of organic substances.

Even the best two-pack paint is an organic coating that is largely resistant to chemicals. However, biological excrements, such as insect secretions, bee excrements or bird droppings etc. contain ferments, such as pancreatine, which can destroy the paint film (under certain conditions). An organic paint raw material resistant to such agents does not exist for the automotive paint at present.

As mentioned in the "General" chapter, the actual damage depends on a number of different factors. Animal or plant secretions need not necessarily cause paint damages, and usually we know nothing about the kind of secretion or the paint quality.

To avoid the damages listed in this chapter, biological contaminations should be removed as quickly as possible.

Auf den nächsten Seiten werden folgende Themen behandelt:

- □ Baumharz
- □ Bienenkot
- □ Insektensekrete
- □ Vogelkot

Das Thema Insektensekrete wurde nicht nochmals unterteilt, da es sehr schwierig ist, verläßliche Aussagen über die Art und Herkunft dieser Insektensekrete zu machen. Sehr eindrucksvoll sind Aufnahmen, auf denen sich ganze Insektenflügel in der Lackoberfläche in Form von Abdrücken und Rissen markieren.

Das aggressivste Medium, das in diesem Bereich vorkommt, ist der Vogelkot. Wie bereits erwähnt ist das in diesen Exkrementen befindliche Ferment Pankreatin in der Lage, auch sehr resistente Lackoberflächen schon nach kurzer Einwirkzeit anzugreifen.

Außerdem werden in diesem Kapitel Schadensbilder gezeigt, die durch Nachstellung im Labor erzeugt wurden. Hierbei handelt es sich um Vogelkotanätzungen, die durch die Einwirkung des Ferments Pankreatin simuliert wurden, und um Anätzungen durch Insektensäfte sowie um Baumharzschäden, die durch Gummiarabicum nachgestellt wurden.

These are the topics dealt with on the following pages:

- □ Tree resin
- □ Bee droppings
- □ Insect secretions
- □ Bird droppings

The issue of insect secretions has not been subdivided because it is very difficult to determine the type and origin of these insect secretions. The reproductions of entire insect wings appearing on the paint surface in the form of imprints and cracks are very impressive.

Bird droppings are the most aggressive form of biological influences on paintwork. Pancreatin, the ferment contained in these droppings, can attack even very resistant paint surfaces after a very short reaction time.

Moreover, this chapter contains pictures of damages through field conditions imitated in the laboratory. These are etchings caused by bird droppings simulated by a reaction with pancreatin and etchings from insect secretions and tree resin imitated by acacia gum.

2.1 Baumharz

Beim Abstellen von Fahrzeugen unter Bäumen tritt überwiegend in den Sommermonaten häufig eine Beaufschlagung der Lackoberfläche mit feinsten, visuell gut erkennbaren, meist farblosen Tröpfchen auf. Diese Baumharztröpfchen sind in der Regel mit Wasser (evtl. auch Isopropanol oder Testbenzin) und einem weichen Lappen problemlos zu entfernen.

Es kommt allerdings häufiger vor, daß nach dem Entfernen der Tröpfchen Spuren zurückbleiben, die auch noch nach einer intensiven Reinigung mit Autoshampoo, Siliconentferner und Politur auf der Lackoberfläche Spuren hinterlassen.

Bild 25.1

Oberfläche einer blauen Einschicht-Lackierung, auf der sich feinste Baumharztröpfchen abgelagert haben.

Bild 25.2

Gleicher Bereich wie oben nach der Reinigung mit Wasser und einem weichen Lappen. Es sind deutlich Anquellungen in etwa gleicher Form wie die Baumharztröpfchen zu erkennen. Farbtonveränderungen liegen in diesem Fall nicht vor.

Bild 25.3 und Bild 25.4

Oberfläche einer weißen 1K-Lackschicht mit Baumharzquellern nach der Reinigung bei verschiedenen Vergrößerungen. Hier waren einige der Harztröpfchen mit Harzfäden verbunden. Außer den Quellern ist eine starke Oberflächenstruktur sichtbar.

2.1 Tree resin

The paint surfaces of vehicles parked under trees are often covered by fine, mostly transparent droplets which are easy to spot. Usually, these tree resin droplets can be removed easily with water and a soft cloth (in some cases isopropanol or fuel).

Fairly frequently, however, these droplets leave marks on the paint surface even after thorough removal with car shampoo, silicon remover and polish.

Fig. 25.1

Surface of a blue one-coat finish covered by very fine tree resin droplets.

Fig 25.2

The same area as above after cleaning with water and a soft cloth. Swellings in a form similar to the tree resin droplets are clearly visible. In this case, the colour shade did not change.

Fig. 25.3

Surface of a white 1K paint coat with tree resin swellings after cleaning. In this case, some resin droplets were tied to resin threads.

Fig. 25.4

The same case as in fig. 25.3 at a higher magnification. Apart from the swellings, a strong surface structure becomes visible.

Bild 25.1 Originalgröße

Bild 25.2 Originalgröße

Bild 25.3 Originalgröße

Bild 25.4 Vergrößerung ca. 15fach

In vereinzelten Fällen, vor allem bei längerer Einwirkung (über Wochen) bei hohen Temperaturen, kann es außer zu Anquellungen noch zur Rißbildung verbunden mit Abplatzungen in der Lackoberfläche kommen.

Bild 27.1

Darstellung einer Schädigung in einem 2-Schicht-Metallic verursacht durch Baumharz, welches über längerer Zeit in die Lackschicht einwirken konnte. Sichtbar ist eine ovale Struktur, in deren Randbereichen sich Risse markieren. Farbtonveränderungen treten nicht auf.

Bild 27.2

Gleiche Störung, dargestellt mit einer anderen Beleuchtungstechnik (Reflex).

Bild 27.3

Bei dieser Vergrößerung sind sowohl die breiten Risse im Randbereich als auch die feineren Risse im Zentrum der Störung eindeutig zu erkennen. Außerdem werden auch noch leichte Beläge auf der Klarlackoberfläche sichtbar.

Bild 27.4

Die höhere Vergrößerung der Randzone der Störung macht deutlich, wie der Klarlack und teilweise auch der Basislack abgeplatzt sind, da hier teilweise der unter dem Basislack befindliche Füller sichtbar ist (weiße Bereiche).

In some cases, tree resin may cause not only swellings, but cracks and chipping on the paint surface, too, especially with extended reaction time (several weeks) at high temperatures.

Fig. 27.1

Damage on two-coat metallic caused by tree resin that had reacted with the paint coat for an extended period of time.

The area has a clear oval structure with edges marked by cracks. No colour shade changes.

Fig. 27.2

The same area shown with a different illumination technique (reflex).

Fig. 27.3

This magnification clearly shows the wide cracks at the edges and the fine cracks in the centre of the damaged area. There is a thin film on the clearcoat surface, too.

Fig. 27.4

The increased magnification of the edge of the damaged area clearly shows that the filler under the basecoat is visible (white areas), evidencing that the clearcoat and parts of the basecoat have chipped off.

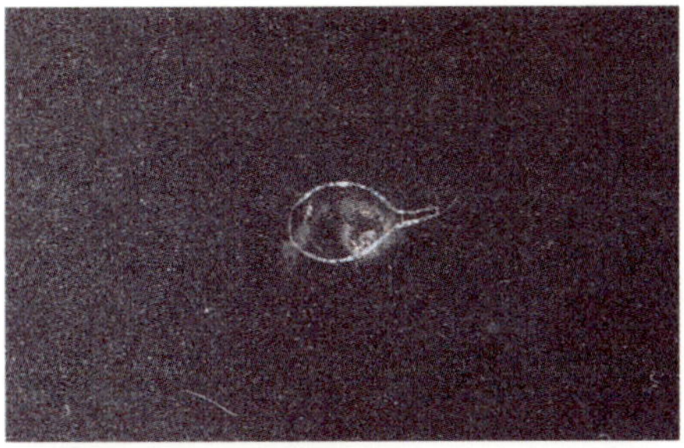

Bild 27.1 Originalgröße

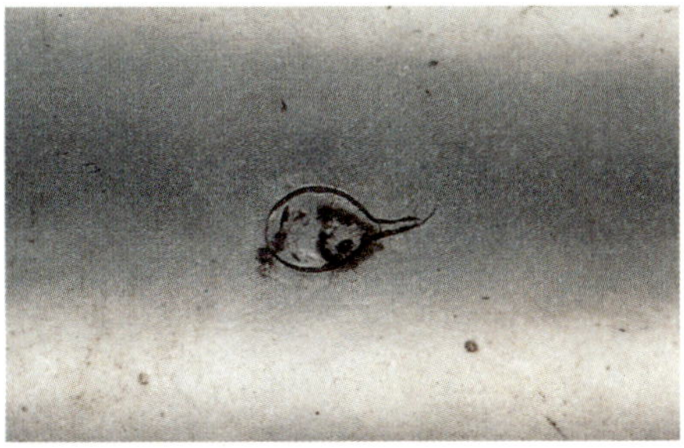

Bild 27.2 Originalgröße

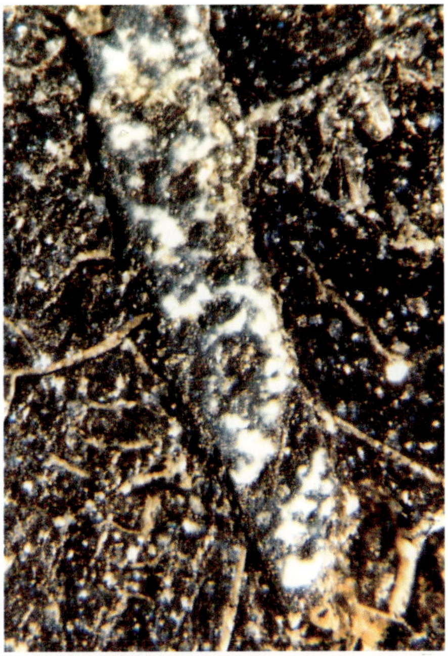

Bild 27.3 Vergrößerung ca. 50fach

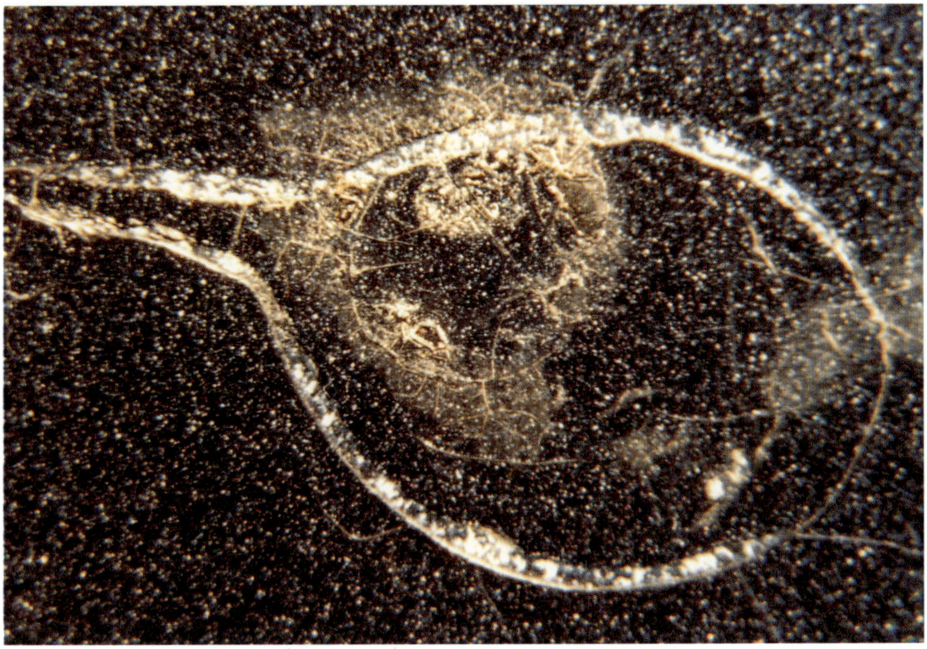

Bild 27.4 Vergrößerung ca. 8fach

2.2 Bienenkot

Überwiegend in den Sommermonaten und in ländlichen Bereichen, insbesondere in der Nähe von Bienenvölkern, tritt diese Art von Feldschäden auf.

Es handelt sich hierbei um kleine, gelbliche, meist punktförmige Ablagerungen auf der Lackoberfläche.

Bei längeren Einwirkzeiten können diese Bienenexkremente zu einer Verfärbung, Aufweichung und Rißbildung in der Lackschicht führen, die dann teilweise nur noch durch Neulackierung zu beheben sind.

Bild 29.1

Abbildung von Bienenkotablagerungen in Originalgröße auf einem Einschicht-Decklack. Zu erkennen sind die gelben, punktförmigen Markierungen.

Bild 29.2

Gleiches Schadensbild auf einer anderen Lackoberfläche.

Bild 29.3

Hier werden Bienenkotablagerungen im Reflex in Originalgröße dargestellt. Es sind außer den punktförmigen Markierungen auch längliche, wurmartige Ablagerungen sichtbar. Auch hierbei handelt es sich um Bienenkot, der jedoch bei der Ablage durch das Insekt verteilt wurde.

Bild 29.4

Gleiches Schadensbild auf einer anderen Lackoberfläche.

2.2 Bee droppings

This kind of field damage is found mainly during the summer months, in rural areas, particularly in the vicinity of bee colonies.

The stains on the paint surface are small, yellow and in most cases dot-shaped.

After extended reaction times, these bee droppings may lead to colour variations and cracking in the topcoat. As a rule, these damages can be polished.

Fig. 29.1

Reproduction of stains from bee droppings on a one-coat topcoat. The yellow dot-shaped marks are obvious.

Fig. 29.2

The same damage on a different paint surface.

Fig. 29.3

Reflex reproduction of stains from bee droppings. There are not only dot-shaped marks, but longish, worm-like ones, too. In this case, the bee droppings were spread by the bee.

Fig. 29.4

The same damage on a different paint surface.

Bild 29.1 Originalgröße

Bild 29.2 Originalgröße

Bild 29.3 Originalgröße

Bild 29.3 Originalgröße

Die durch Bienenkot verursachten Farbtonveränderungen sind dadurch begründet, daß der in dem Sekret beinhaltete Farbstoff in die obersten Schichten des Lackfilmes eindringt (diffundiert). Je länger die Einwirkzeit des Bienenkotes ist, desto tiefer dringt der Farbstoff in den Lackfilm ein. Die Farbtonveränderungen fallen bei hellen Farbtönen, z.B. weiß, am stärksten auf.

Die nächsten Abbildungen zeigen Bienenkotablagerungen bei höheren Vergrößerungen.

Bild 31.1

Bienenkotablagerungen auf einem weißen 1K-Decklack bei Koaxialbeleuchtung und 15facher Vergrößerung. An dem Sekret haben sich zusätzlich Schmutzpartikel angelagert.

Bild 31.2

Bienenkottröpfchen bei 50facher Vergrößerung.

The colour shade variations caused by bee droppings result from the colour contained in the secretion penetrating the upper layers of the paint film (diffusion). The longer the reaction time of bee droppings, the deeper the colour penetrates into the paint film. The colour shade variations are most striking with light colour shades, e.g. white.

The next pictures show stains of bee droppings at a higher magnification.

Fig. 31.1

Stains of bee droppings on a white 1K topcoat under coaxial illumination and magnified 15x. Dirt particles have gathered round the secretions, too.

Fig. 31.2

Droplets of bee droppings magnified 50x.

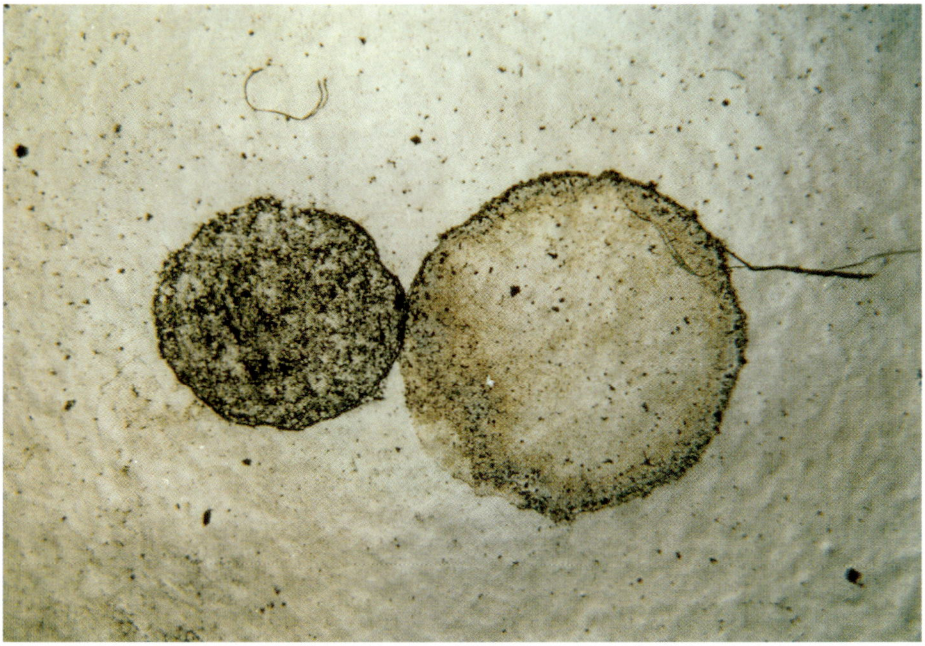

Bild 31.1 Vergrößerung ca. 15fach

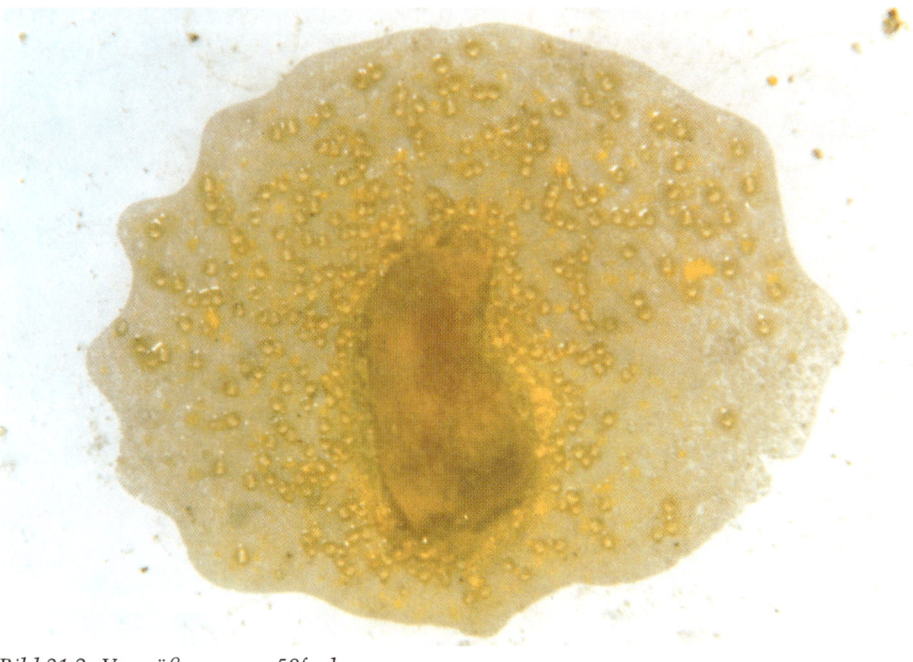

Bild 31.2 Vergrößerung ca. 50fach

2.3 Insektensekrete

Anätzungen durch Insektensäfte sind einer der am häufigsten auftretenden Feldschäden. Es gibt hierzu eine Vielzahl von unterschiedlichsten Schadensbildern. In der Regel ist es nicht nachzuvollziehen, welche Insektengattung für die jeweilige Schädigung verantwortlich war (Ausnahme z.B. 2.2).

Auf den nächsten Seiten werden anhand einer Vielzahl von Beispielen gezeigt, welche Erscheinungsbilder von Feldschäden verursacht durch Insekten bzw. deren Ausscheidungen entstehen können.

Bild 33.1

Darstellung von Markierungen in Originalgröße, wahrscheinlich verursacht durch Blattlaussekrete in einem dunkelblauen Decklack. Ohne optische Hilfsmittel sind stecknadelkopfgroße Löcher im Decklack zu erkennen.

Bild 33.2

Die gleiche Störung bei höherer Vergrößerung und koaxialer Beleuchtung.

Bild 33.3

Aufnahme einer Störung gleichen Ursprungs in 40facher Vergrößerung. Sichtbar ist hier eine teilweise Ablösung des Decklacks vom Füller.

Bild 33.4

Wie Bild 33.3, jedoch mit Koaxialbeleuchtung dargestellt. Bei den schwarzen, geradlinigen Markierungen im Umfeld der Störung handelt es sich um Kratzer auf der Lackoberfläche.

2.3 Insect secretions

Etching caused by insect secretions is one of the most frequent forms of field damage with a large number of different damage manifestations. Usually we cannot trace back which insect caused the damage (with the exception of 2.2).

The large number of examples shown on the following pages exemplifies the different kinds of field damage caused by insects and their secretions.

Fig. 33.1

Original-size reproduction of marks, probably caused by greenfly secretions on a dark blue topcoat. The pinhead-sized holes in the topcoat are visible without the help of optical devices.

Fig. 33.2

The same damage at a higher magnification and reproduced using coaxial illumination.

Fig. 33.3

Reproduction of a damage caused by the same substance, magnified 40x. In some areas, the topcoat no longer adheres to the filler.

Fig. 33.4

Same as fig. 33.3, but under coaxial illumination. The black linear marks around the damage area are scratches on the paint surface.

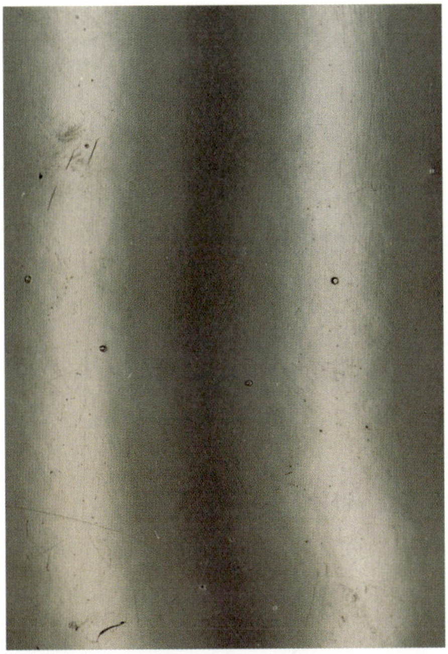

Bild 33.1 Originalgröße

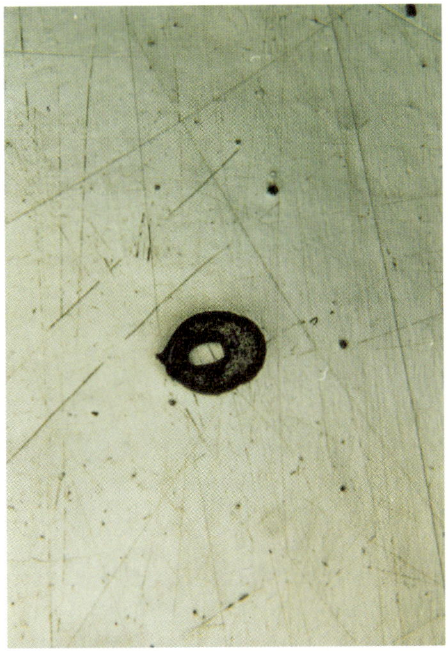

Bild 33.2 Vergrößerung ca. 15fach

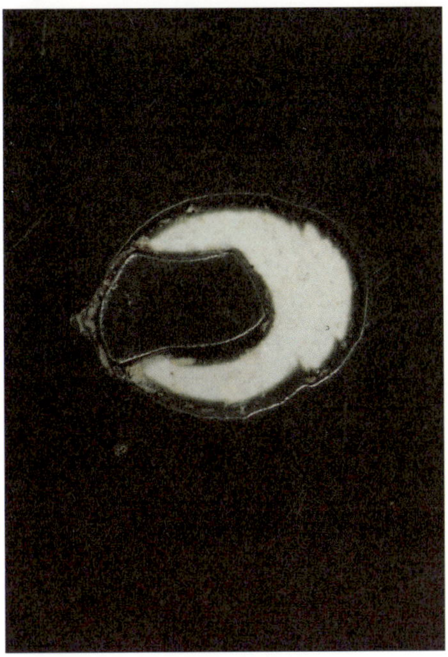

Bild 33.3 Vergrößerung ca. 40fach

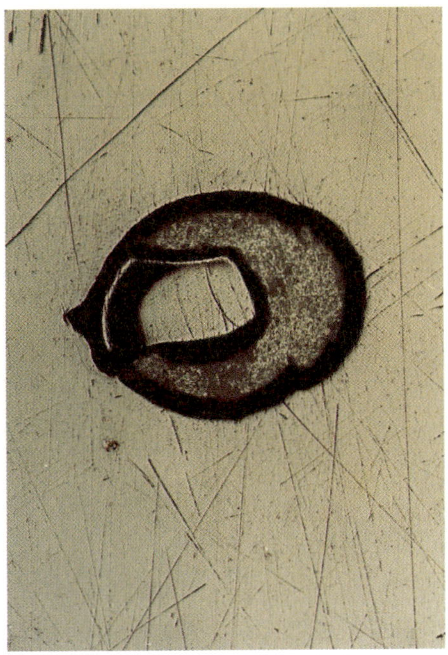

Bild 33.4 Vergrößerung ca. 40fach

Bild 35.1

Darstellung einer optisch ähnlichen Störung wie bei Bilder 33.1—3 mit Reflexbeleuchtung in Originalgröße. Auch hier sind kleine runde Markierungen im Decklack zu erkennen. Aufgrund der Historie dieses Fahrzeuges ist davon auszugehen daß es sich hierbei um Störungen handelt, die durch die Ablagerungen von Fliegensekreten entstanden sind.

Bild 35.2

Gleiche Störung wie bei Bild 35.1 auf einer anderen Lackoberfläche.

Bild 35.3

Abbildung der o.a.. Störung bei 15facher Vergrößerung und Koaxialbeleuchtung. Hier sind partielle kreisrunde bis ovale Anquellungen zu erkennen. In den angequollenen Lackbereichen haben sich bis zum Füller reichende Risse gebildet. Teilweise hat sich der Decklack bereits von der Füllerschicht gelöst.

Fig. 35.1

Original-size reproduction under reflex illumination of a damage that is visually similar to the ones shown in fig. 33.1–3. Here, too, there are small round marks in the topcoat. Due to the vehicle's history, we assume that the damage was caused by fly secretions.

Fig. 35.2

The same damage as shown in fig. 35.1 on a different paint surface.

Fig. 35.3

Reproduction of the a/m damage, magnified 15x and under coaxial illumination. In some areas, there are circular or oval swellings. The swollen paint areas show cracks down to the filler. In some areas, the topcoat no longer adheres to the filler coat.

Bild 35.1 Originalgröße

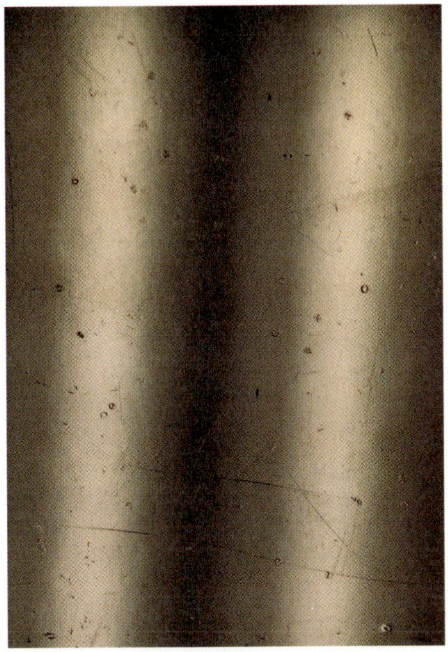

Bild 35.2 Originalgröße

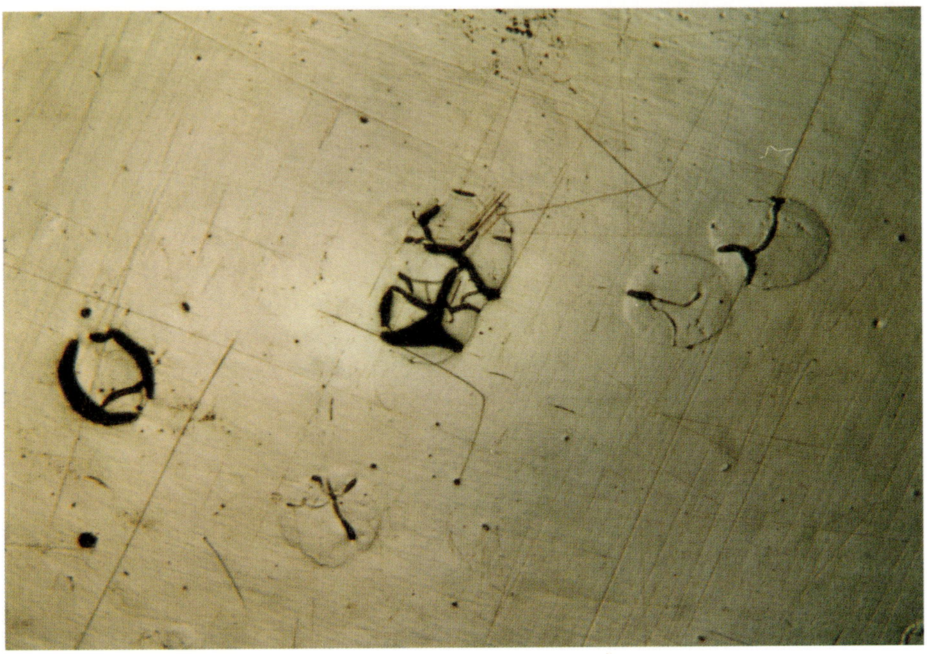

Bild 35.3 Vergrößerung ca. 15fach

Auf der nebenstehenden Seite werden Feldschäden gleichen Ursprungs wie auf den vorhergehenden Seiten beschrieben in verschiedenen Schädigungsstadien dargestellt.

Bild 37.1

Ablagerungen auf der Decklackoberfläche. Es sind weder eine Anquellung noch Rißbildungen zu beobachten.

Bild 37.2

Im Bereich der Ablagerungen haben sich feinste Risse gebildet. Auch hier liegt keine Anquellung vor. Im näheren Umfeld sind weitere Ablagerungen (kleiner) teilweise mit Rißbildungen zu beobachten (Koaxialbeleuchtung).

Bild 37.3

Wie Bild 37.2, jedoch mit stärkerer Rißbildung. Die Fehlstelle wird von einem kreisrunden Riß begrenzt (Koaxialbeleuchtung).

Bild 37.4

Hier ist eine starke Anquellung, insbesondere im Randbereich sichtbar. Innerhalb des Quellers zeigt sich außer einigen Kratzern auch ein Riß (Koaxialbeleuchtung).

Bild 37.5

Darstellung einer Schadstelle mit 50facher Vergrößerung. Hier sind bis zum Füller reichende Risse im Decklack zu erkennen. Bei dieser Beleuchtungsart ist es nicht möglich, Anquellungen darzustellen. Farbtonveränderungen des Decklacks sind nicht zu beobachten.

On the following page, field damages caused by the same substances as those shown on pages 32 and 33 are described and shown at various stages.

Fig. 37.1

Deposits on the topcoat surface. There are neither swellings nor cracks.

Fig. 37.2

Tiny cracks have started to form in the area of the deposits. There are no swellings, however. In the surrounding areas there are additional (smaller) deposits to be found, partly with cracks (coaxial illumination).

Fig. 37.3

As in fig. 37.2, but with increased crack formation. The defect is marked by a circular crack (coaxial illumination).

Fig. 37.4

Here we see a severe swelling, especially in the edge area. Within the swelling, there are some scratches and a crack (coaxial illumination).

Fig. 37.5

Reproduction of a defect, magnified 50x. Some of the cracks in the topcoat extend down to the filler. In this kind of illumination it is not possible to reproduce swellings. The colour shade of the topcoat has not changed.

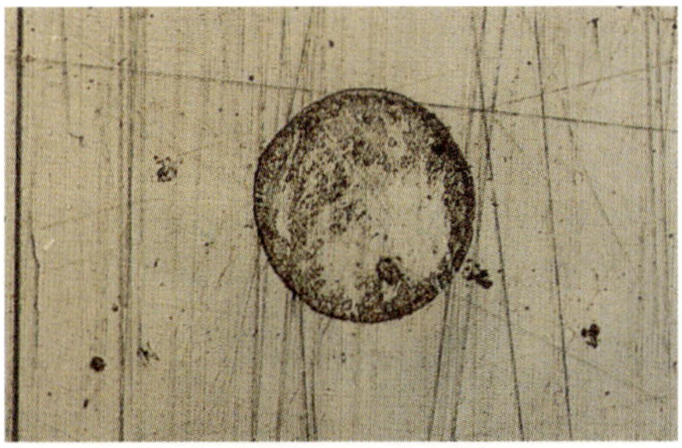

Bild 37.1 Vergrößerung ca. 40fach

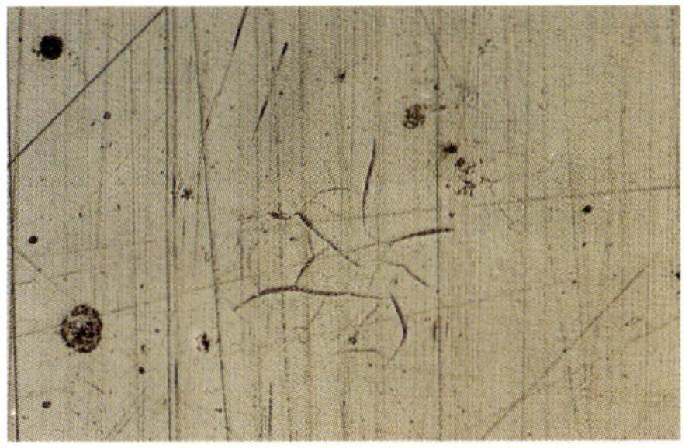

Bild 37.2 Vergrößerung ca. 40fach

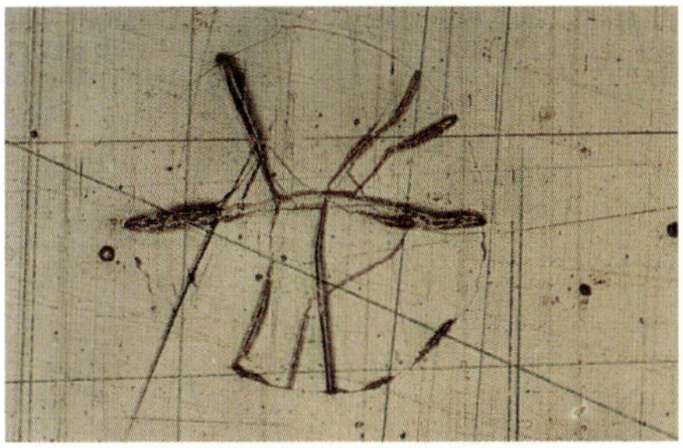

Bild 37.3 Vergrößerung ca. 40fach

Bild 37.4 Vergrößerung ca. 40fach

Bild 37.5 Vergrößerung ca. 50fach

Bei den nächsten Schadensbildern handelt es sich um kreisförmige, bis zu einem Zentimeter große Enthaftungen des Decklacks vom Füller. Im Zentrum dieser Störungen weist der noch auf dem Füller haftende Decklack starke Rißbildung auf.

Bild 39.1

Darstellung der Störung in Originalgröße. Deutlich zu erkennen sind die kreisförmigen Abplatzungen im gelben Decklack. Der graue Füller wird sichtbar.

Bild 39.2

Aufnahme der gleichen Störung im Reflex. Durch diese Beleuchtung werden die Störungen noch auffälliger.

Bild 39.3

Einzelne Schadstelle bei 10facher Vergrößerung. Bei dieser Einstellung sind eindeutig die Decklackabplatzungen vom Füller zu erkennen. Ebenfalls sichtbar sind die Risse, die sich wie Adern in den Decklackinseln markieren.

Bild 39.4

Bei noch höherer Vergrößerung, in diesem Fall 50fach, wird sichtbar, daß noch Reste des Decklacks auf der Fülleroberfläche haften. darüber hinaus sind weitere Schädigungen im Füller (wichtig für die nachfolgende Reparatur) nicht zu erkennen.

The following damage reproductions show areas with circular loss of adhesion of the topcoat with a size of up to 1 cm. At the centre of these damages, the topcoat still adhering to the filler has started to exhibit severe cracks.

Fig. 39.1

Original-size reproduction of a damage. The circular chippings in the yellow topcoat are quite obvious. The grey filler shines through.

Fig. 39.2

Reflex reproduction of the same damage. This kind of illumination makes the damage even more obvious.

Fig. 39.3

The individual damaged area magnified 10x. This reproduction clearly shows the topcoat chipping off from the filler. The cracks manifested like veins in the topcoat islands are quite obvious, too.

Fig. 39.4

At a higher magnification, in this case 50x, it becomes obvious that remainders of the topcoat still adhere to the filler surface. Additional damage to the filler coat (important for the subsequent repair) cannot be found.

Bild 39.1 Originalgröße

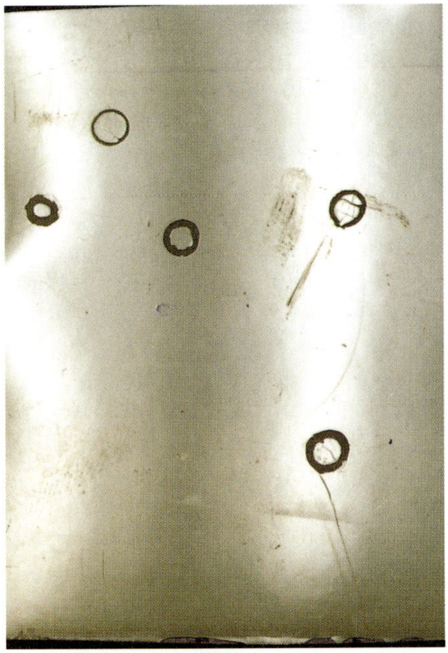

Bild 39.2 Originalgröße

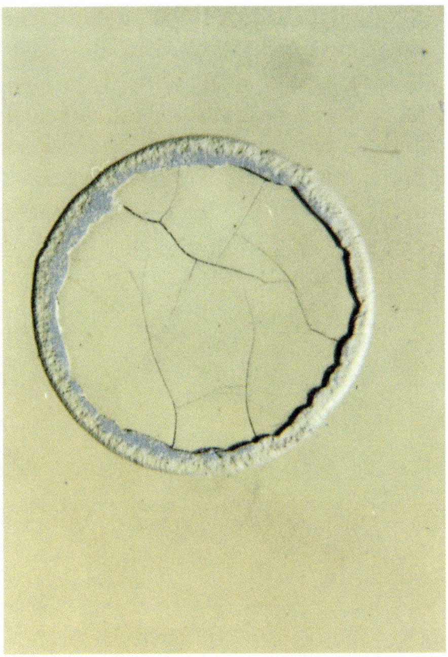

Bild 39.3 Vergrößerung ca. 10fach

Bild 39.4 Vergrößerung ca. 50fach

Darstellung von schlangenförmigen Anätzungen in einem dunkelblauen Decklack, verursacht durch Insektensekrete.

Bild 41.1

Darstellung in Originalgröße. Deutlich sichtbar ist eine graue Verfärbung der Decklackoberfläche im Bereich der Störung.

Bild 41.2

Gleiche Störung wie bei Bild 41.1 im Reflex. Sichtbar werden starke Anquellungen im Störungsbereich.

Bild 41.3

10fache Vergrößerung des oben beschriebenen Schadens. Bei dieser Vergrößerung ist bereits eine starke Rißbildung im Decklack zu beobachten. In einigen Bereichen schimmert der graue Füller durch.

Bild 41.4

Bei 30facher Vergrößerung wird das ganze Ausmaß der Schädigung deutlich. Im Schädigungsbereich ist jetzt eindeutig eine starke Rißbildung, verbunden mit Enthaftungserscheinungen des Decklacks, sichtbar. Aufgrund des starken Anätzungsgrades erscheint die Lackoberfläche gräulich verfärbt. Der Decklack hat sich bereits partiell von dem Füller gelöst und den Füller freigelegt.

Reproduction of snakelike etchings in a dark blue topcoat caused by insect secretions.

Fig. 41.1

Original-size reproduction. The grey discolouration of the topcoat surface in the damaged area is quite obvious.

Fig. 41.2

The same defect as in fig. 41.1 in a reflex reproduction showing the severe swellings in the damaged area.

Fig. 41.3

The damage described above magnified 10x. This magnification shows the severe crack formation in the topcoat. In some areas, the grey filler shines through.

Fig. 41.4

Magnified 30x, the full extent of the damage becomes obvious. In the damaged area, severe crack formation coupled with loss of adhesion of the topcoat is clearly visible. Due to the severe etching, the paint surface seems to have turned greyish. The topcoat has started to chip off the filler so that the filler shines through.

Bild 41.1 Originalgröße

Bild 41.2 Originalgröße

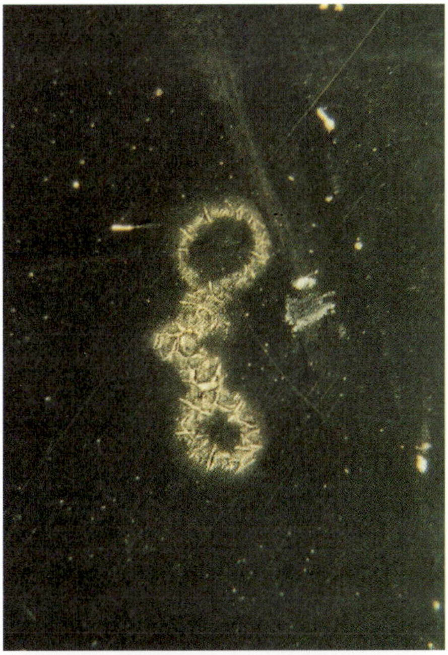

Bild 41.3 Vergrößerung ca. 10fach

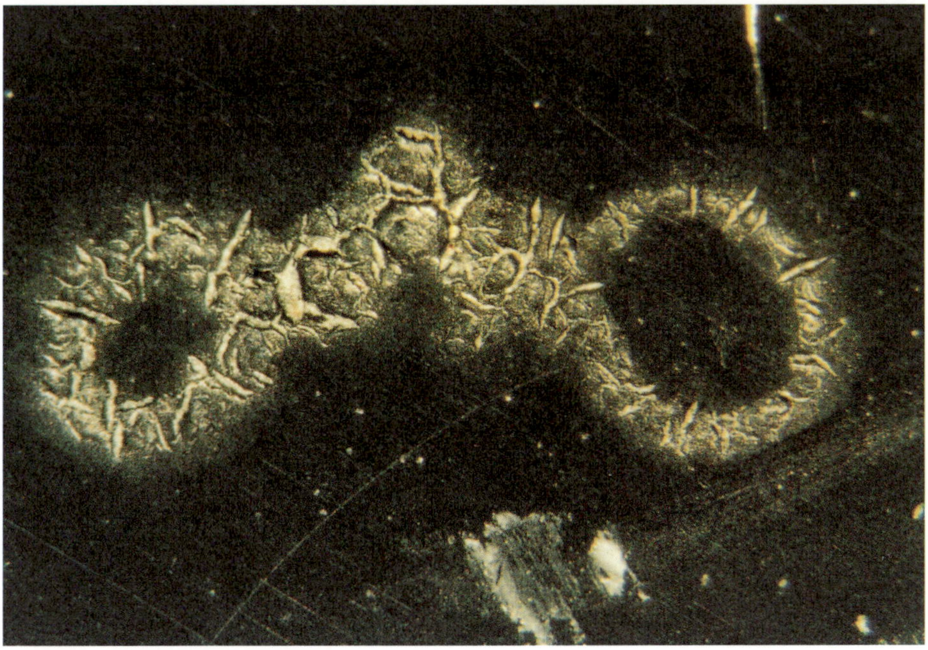

Bild 41.4 Vergrößerung ca. 30fach

Darstellung von schlangenförmigen Anätzungen verursacht durch Insektensekrete in einem roten Uni-Decklack. Das Erscheinungsbild und die Störungsursache sind identisch mit den Schadensbildern auf der vorhergehenden Seite.

Bild 43.1

Aufnahme in Reflexbeleuchtung und Originalgröße.

Bild 43.2

Darstellung der Störung bei 10facher Vergrößerung im Schräglicht. Zu erkennen sind Rißbildungen, Anquellungen, Enthaftungserscheinungen und Farbtonveränderungen (Intensitätsverlauf von links nach rechts).

Bild 43.3

Wie Bild 43.2, jedoch bei 20facher Vergrößerung.

Bild 44.1

Darstellung der auf dem Bild 44.1 am oberen Rand sichtbaren Anätzung im Schräglicht bei 10facher Vergrößerung.

Bild 44.2 und Bild 44.3

Wie Bild 43.1, bei 30- bzw. 50facher Vergrößerung.

Bild 45.1 und Bild 45.2

Darstellung eines Teiles der Störung bei 50facher Vergrößerung mit Schräglicht bzw. Koaxialbeleuchtung.

Reproduction of snakelike etchings caused by insect secretions in a red solid-coloured topcoat. Manifestation and cause of the damage are identical with the reproductions shown on page 41.

Fig. 43.1

Original-size reflex reproduction.

Fig. 43.2

Reproduction of a damage magnified 10x using oblique illumination. Cracks, swellings, loss of adhesion and decolouring are quite obvious (arranged by order of severeness from left to right).

Fig. 43.3

As fig. 43.2, magnified 20x.

Fig. 44.1

Reproduction of the etching shown at the upper edge of fig. 44.1 under oblique illumination, magnified 10x.

Fig. 44.2 and 44.3

As fig. 44.1, magnified 30x and 50x, respectively.

Fig. 45.1 and 45.2

Reproduction of a part of the damage, magnified 50x using oblique illumination and coaxial illumination, respectively.

Bild 43.1 Originalgröße

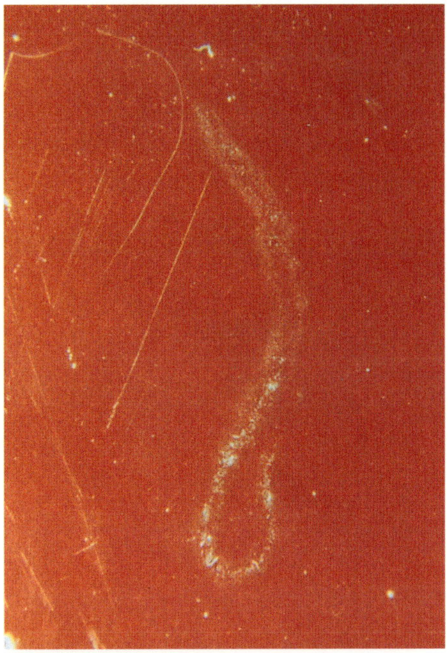

Bild 43.2 Vergrößerung ca. 10fach

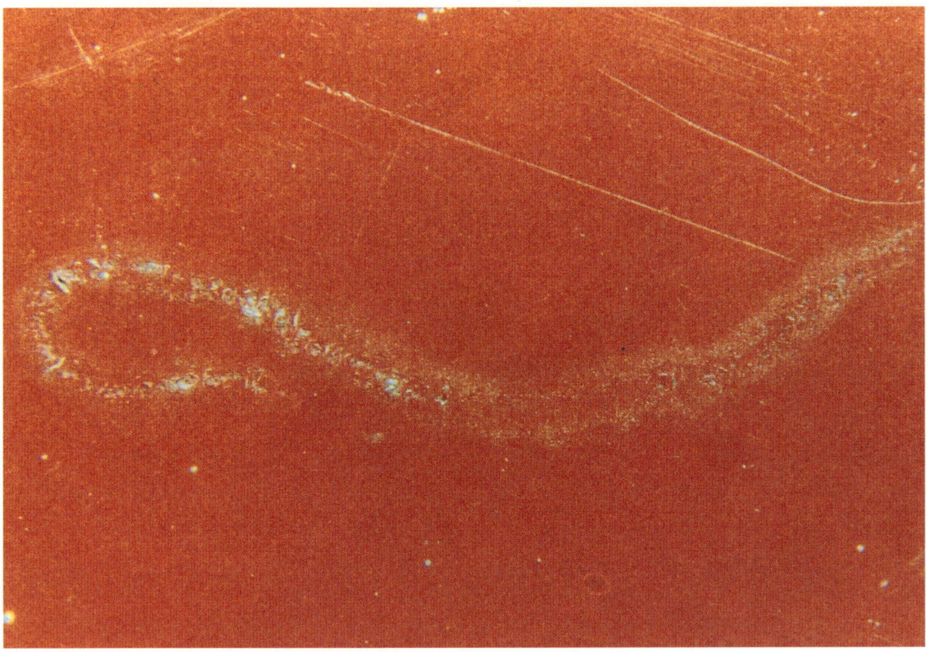

Bild 43.3 Vergrößerung ca. 20fach

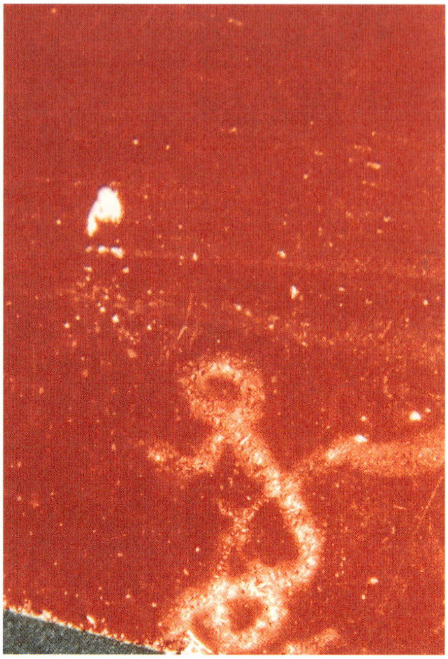

Bild 44.1 Vergrößerung ca. 10fach

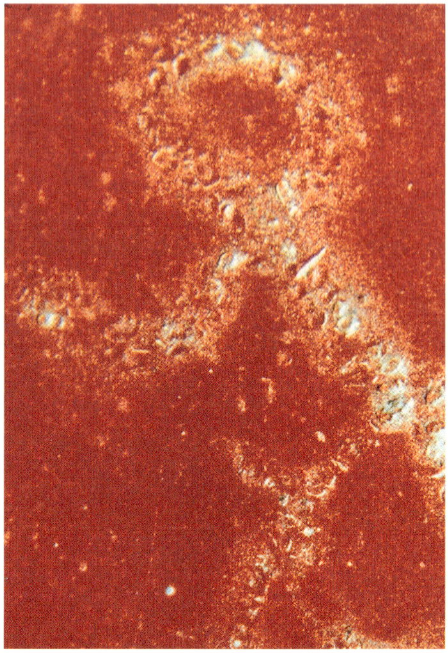

Bild 44.2 Vergrößerung ca. 20fach

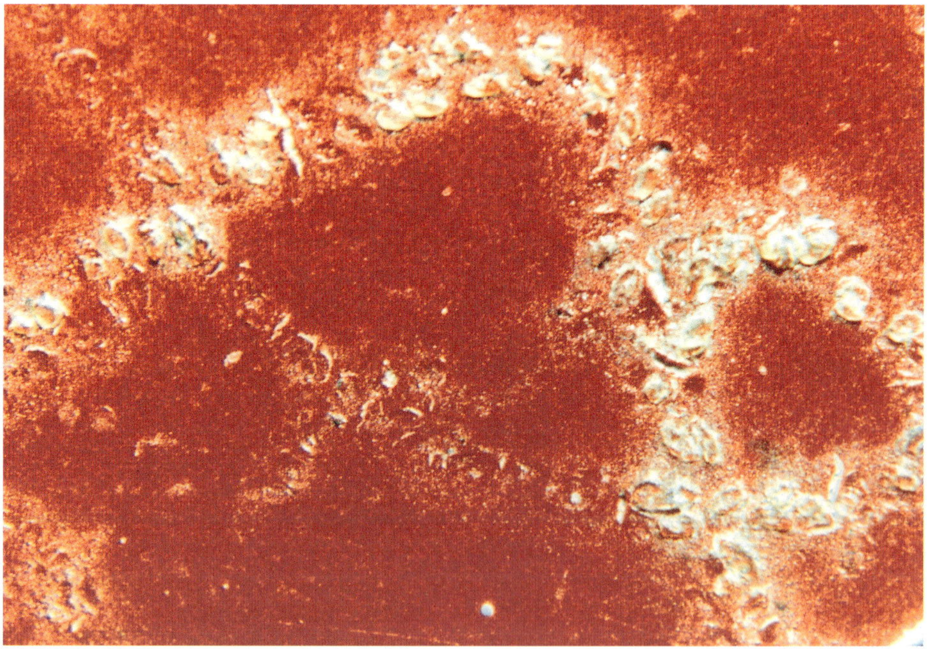

Bild 44.3 Vergrößerung ca. 50fach

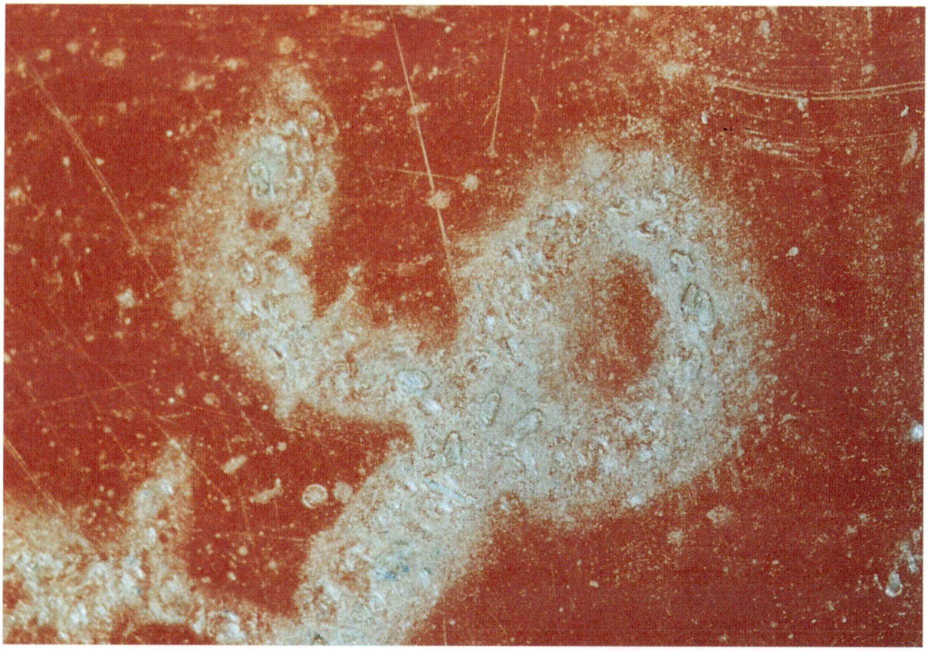

Bild 45.1 Vergrößerung ca. 50fach

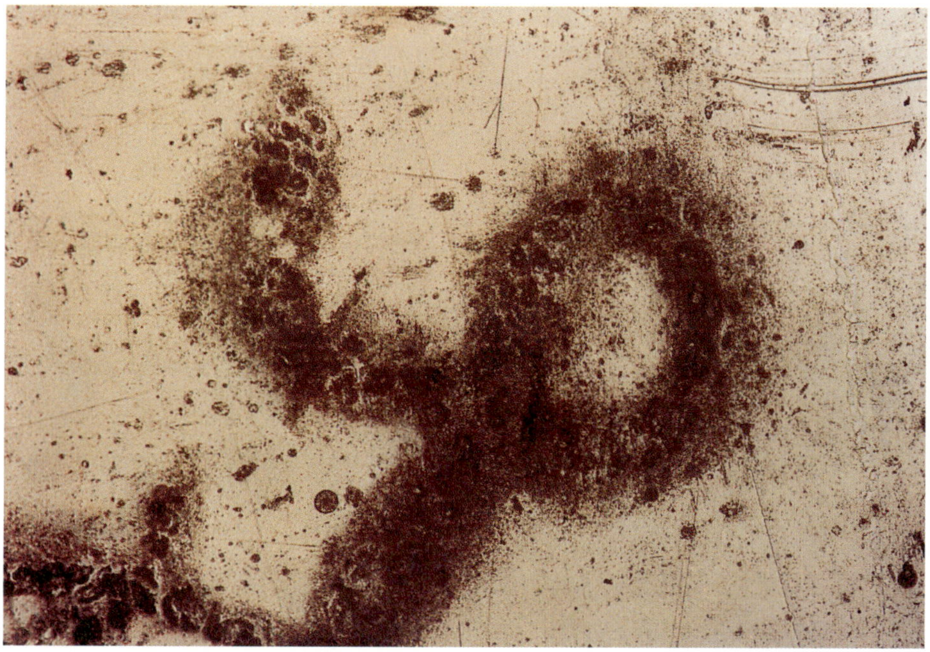

Bild 45.2 Vergrößerung ca. 50fach

Auf den nächsten Seiten werden Schadensbilder dargestellt, die bei der ersten Sichtung eine sehr große Ähnlichkeit mit den auf den vorhergehenden Seiten abgebildeten Schäden aufweisen. Bei stärkeren Vergrößerungen werden jedoch starke Differenzen sichtbar. Auffällig sind hier außer der schuppenförmigen Anätzungsspuren bzw. Rißbildungen die großflächigen Enthaftungen des Decklacks vom Füller. Bei dem geschädigten Lack handelt es sich um einen schwarzen Einschicht-Decklack (uni).

Bild 47.1

Darstellung des oben bezeichneten Feldschadens in Originalgröße (Reflexbeleuchtung). Die bis zu 7 mm großen, wurmförmigen Anätzungen sind auf der Decklackoberfläche gut sichtbar.

Bild 47.2

10fache Vergrößerung einer der auf in Bild 47.1 sichtbaren Störungen (Schräglicht). Hier sind schon die starke Rißbildung und der partiell freiliegende Füller zu erkennen.

Bild 47.3

Gleiche Schädigung, jedoch in 15facher Vergrößerung und mit Koaxialbeleuchtung fotografiert. Zu erkennen sind die starken Unebenheiten, verursacht durch Anquellungen, Rißbildungen und Enthaftungserscheinungen.

The following pages show damage reproductions that appear very similar to the damages shown on the previous pages. Magnified at a higher ratio, however, striking differences become obvious. These are scale-like etching marks and crack formations as well as large-scale loss of adhesion of the topcoat to the filler. The amaged paint is a black one-coat topcoat (solid).

Fig. 47.1

Original-size reproduction of the a/m field damage (reflex illumination). The worm-like etchings, which are up to 7 mm long, are very obvious on the topcoat surface.

Fig. 47.2

10x magnification of a damage shown in fig. 47.1 (oblique illumination). It is quite obvious now that cracks have started to form and that the filler is shining through in some areas.

Fig. 47.3

The same damage magnified 15x and photographed using coaxial illumination. The severe unevenness caused by swellings, cracks and loss of adhesion is quite obvious.

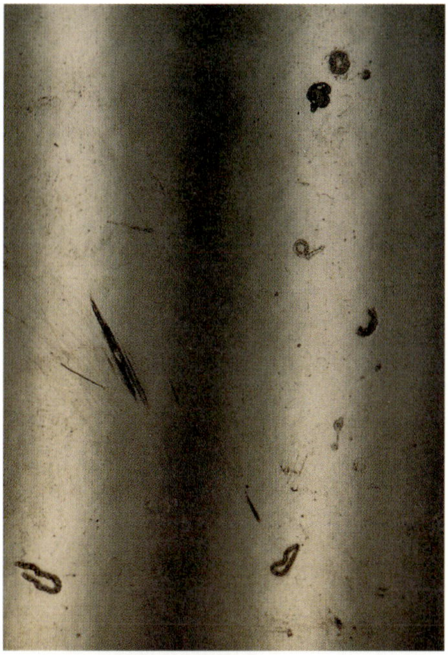

Bild 47.1 Originalgröße

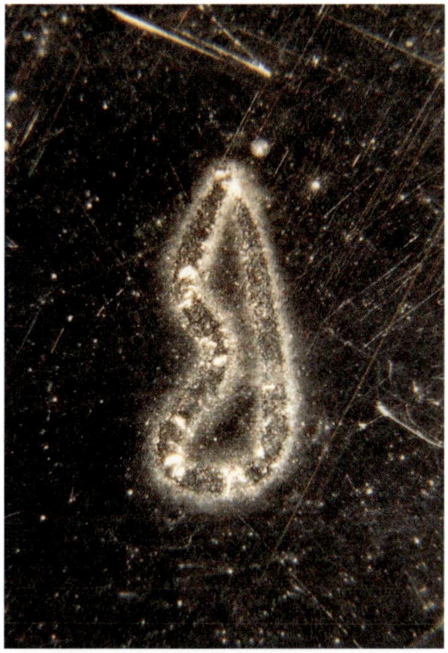

Bild 47.2 Vergrößerung ca. 10fach

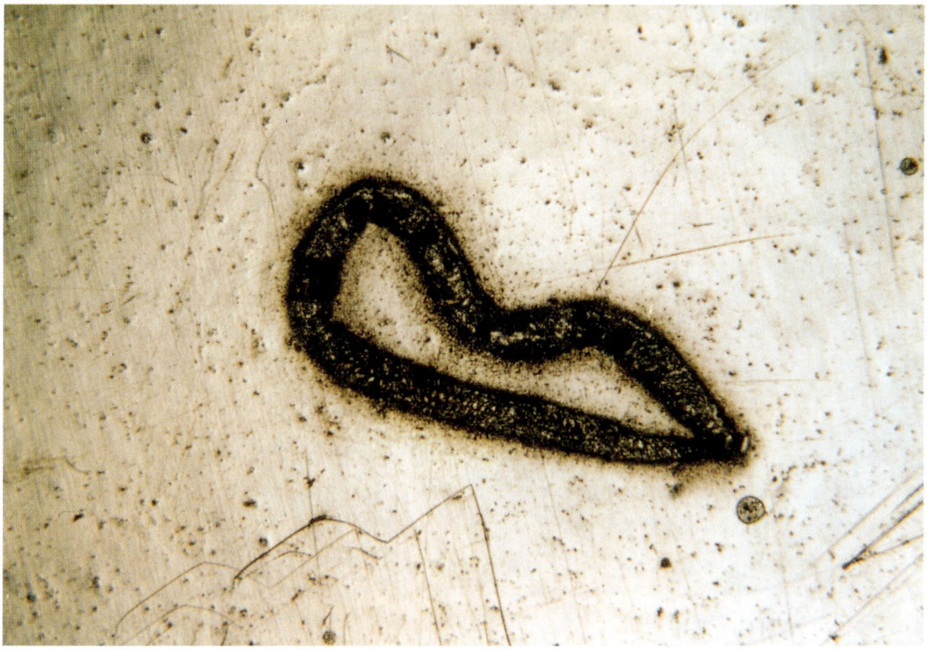

Bild 47.3 Vergrößerung ca. 15fach

Auf den nächsten Seiten werden die auf den beiden vorhergehenden Seiten erläuterten Störungen bei höheren Vergrößerungen und verschiedenen Beleuchtungsvarianten dargestellt.

Bild 49.1

30fache Vergrößerung bei Schräglichtbeleuchtung. Sichtbar ist, außer Rissen und Enthaftungen, am Rande der Störung eine Graufärbung der Decklackoberfläche.

Bild 49.2

Darstellung einer ähnlichen Störung bei gleichen Bedingungen wie bei Bild 49.1. Hier fallen sehr stark die partiellen Enthaftungen auf. Bei den grauen Bereichen handelt es sich um freigelegten Füller.

Bild 50.1 und Bild 50.2

Abbildung einer Störung bei 50facher Vergrößerung und Schräglicht bzw. Koaxialbeleuchtung. Bei dieser Störung sind die symptomatischen schuppenförmigen Anätzungen und die großflächigen Enthaftungen, verbunden mit der Freilegung des Füllers, zu erkennen.

Bild 51.1 und Bild 51.2

Abbildung einer Störung bei 50facher Vergrößerung und Schräglicht bzw. Koaxialbeleuchtung. Auch hier sind sie für diese Störungsart spezifischen schuppenförmigen Anätzungen sichtbar. Hinzu kommt noch eine großflächige Rißbildung. Bei den teilweise parallel zueinander verlaufenden Strichen handelt es sich um Kratzspuren.

On the following pages, the damages shown on pages 44 and 45 are shown at higher magnifications and using various kinds of illumination.

Fig. 49.1

30x magnification and oblique illumination. Besides cracks and loss of adhesion, the topcoat has turned grey at the edge of the damaged area.

Fig. 49.2

Reproduction of a similar damage under the same conditions as in fig. 49.1. Partial losses of adhesion are very striking here. In the grey areas the filler shines through.

Fig. 50.1 and 50.2

Reproduction of a damage magnified 50x using oblique illumination and coaxial illumination, respectively. This damage is marked by symptomatic scale-like etchings and large-scale loss of adhesion coupled with filler shining through.

Fig. 51.1 and 51.2

Reproduction of a damage at 50x magnification using oblique illumination and coaxial illumination, respectively. Here, too, we see the scale-like etchings which are typical of this kind of damage. Large-scale cracking is visible, too. The parallel lines are scratch marks.

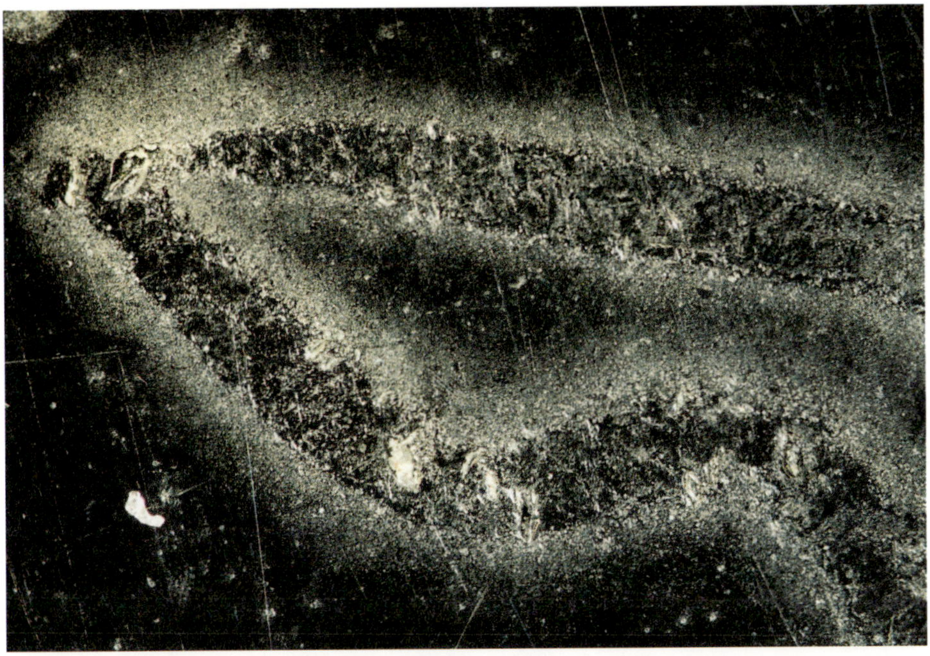

Bild 49.1 Vergrößerung ca. 30fach

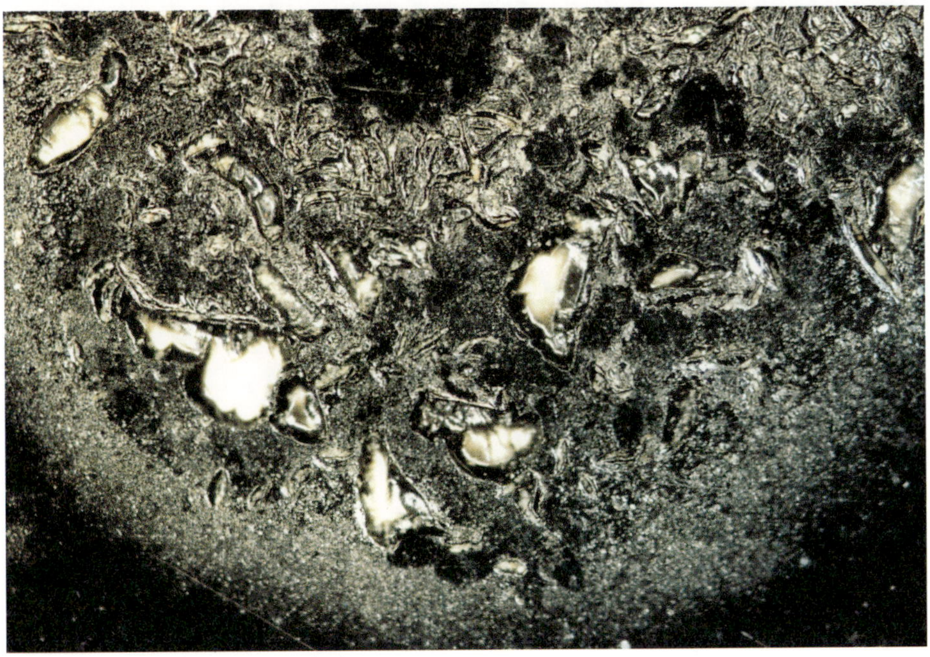

Bild 49.2 Vergrößerung ca. 50fach

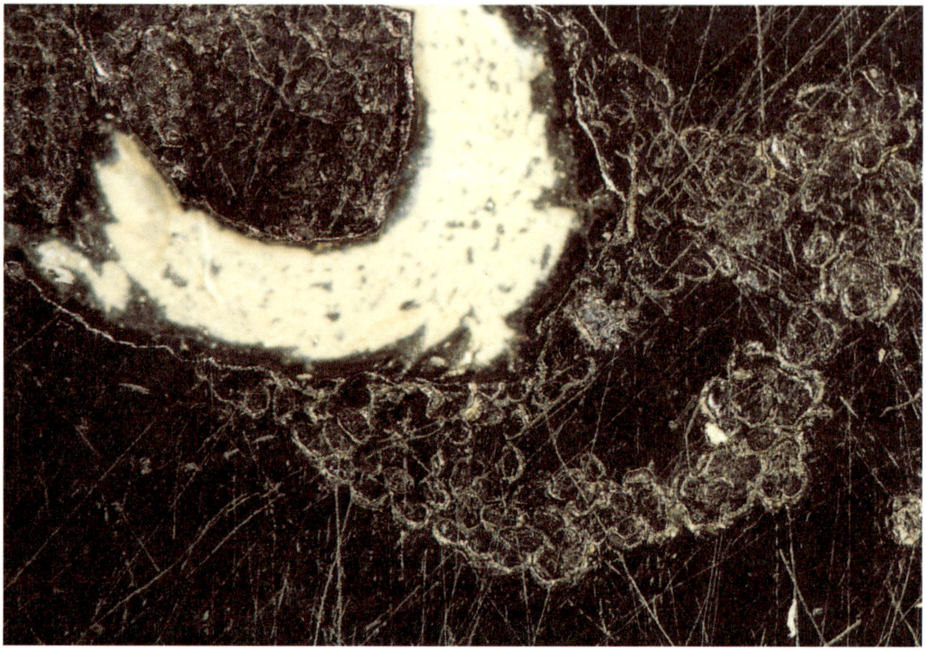

Bild 50.1 Vergrößerung ca. 50fach

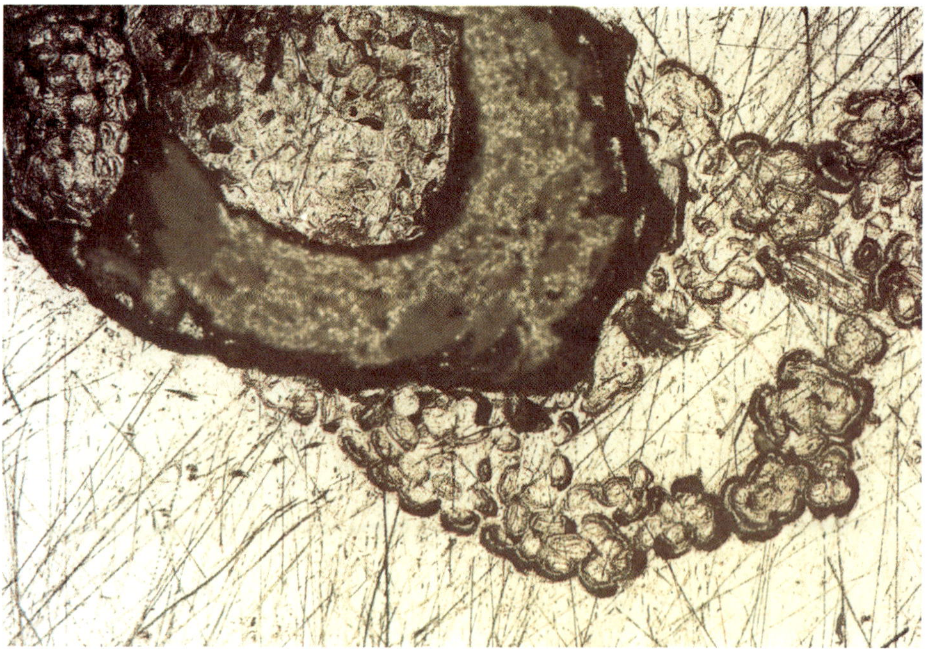

Bild 50.2 Vergrößerung ca. 50fach

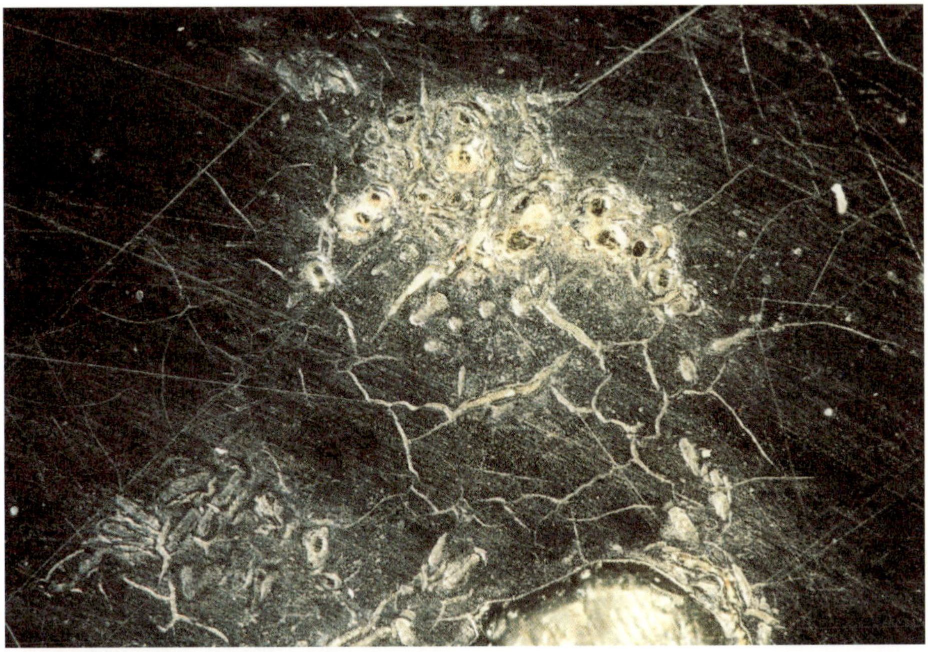

Bild 51.1 Vergrößerung ca. 50fach

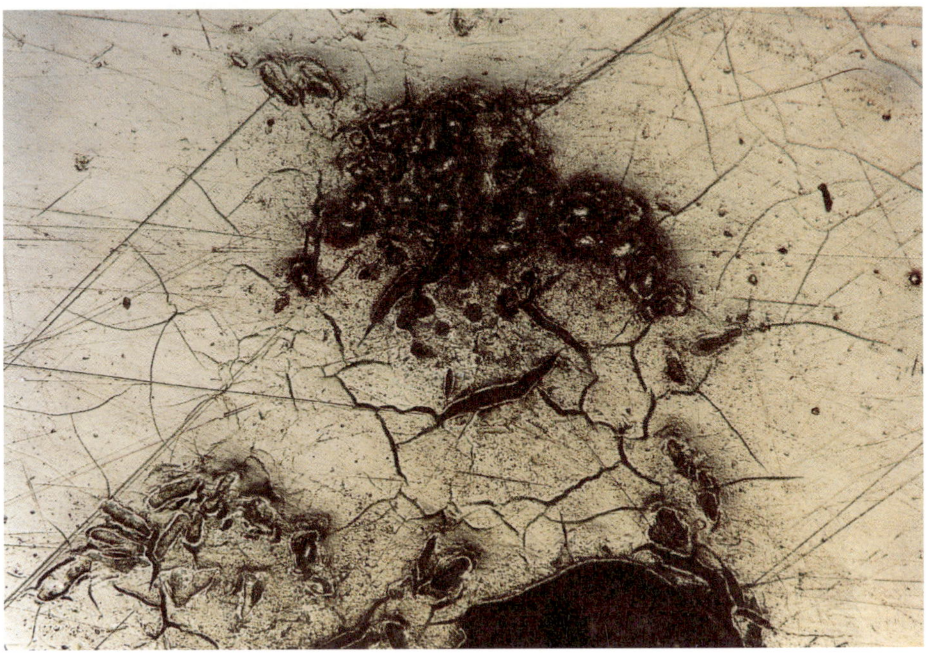

Bild 51.2 Vergrößerung ca. 50fach

Auch abgestorbene Fliegenkörper können zu starken Anätzerscheinungen auf Decklackoberflächen führen. Die nächsten Bilder sind eindrucksvolle Beispiele, wie sich ganze Fliegen mitsamt Flügeln und Körper auf einem Decklack markieren können.

Bild 53.1

Darstellung zweier Fliegenabdrücke in Originalgröße und Reflexbeleuchtung. Bei dem oberen Abdruck sind beide Flügel unversehrt im Lack abgebildet worden.

Bild 53.2

Abbildung in Originalgröße von Feldschäden, verursacht durch Fliegenkörperablagerungen. Um hier entsprechende Rückschlüsse ziehen zu können, muß mit Vergrößerungsoptiken gearbeitet werden.

Bild 53.3

Darstellung der in Bild 53.1 im unteren Bereich sichtbaren Störung Zu erkennen sind zum einen Teile eines Flügels, die sich in Form von Rissen im Decklack markieren, und zum anderen schuppenförmige Anätzungen bzw. oberflächliche Abplatzungen des Decklacks.

Bild 53.4

Vergrößerung des in Bild 53.2 am oberen Bildrand sichtbaren schwarzen Flecks mit Koaxialbeleuchtung. Hier sind andeutungsweise die Flügel des Insektes zu erkennen. Dort, wo sich der Fliegenkörper befunden hat, ist der Lack mürbe geworden und hat sich teilweise aufgelöst.

Dead flies may cause severe etching on topcoat surfaces, too. The following pictures are impressive examples of entire flies (including wings and body) leaving marks on a topcoat.

Fig. 53.1

Reproduction of two fly prints in original size and reflex illumination. The top print shows both wings marked entirely on the paint coat.

Fig. 35.2

Original reproduction of field damage caused by fly body deposits. Further conclusions can be drawn only with the help of magnified reproductions.

Fig. 53.3

Reproduction of the damage shown at the bottom of fig 53.1. On the one hand, there are cracks in the topcoat and on the other, there are scale-like etchings and chippings of the topcoat surface.

Fig. 53.4

Reproduction of the black stain shown at the top of fig. 53.2 under coaxial illumination. The outline of the insect wings is visible here. The paint has become rotten and partly dissolved where the fly body had been.

2

Bild 53.1 Originalgröße

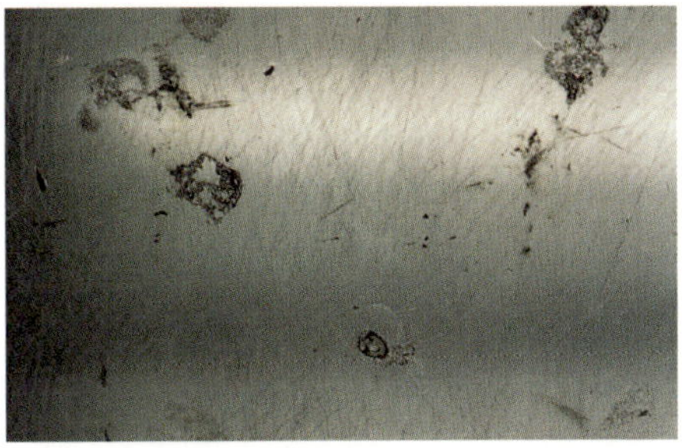

Bild 53.2 Originalgröße

Bild 53.3 Vergrößerung ca. 15fach

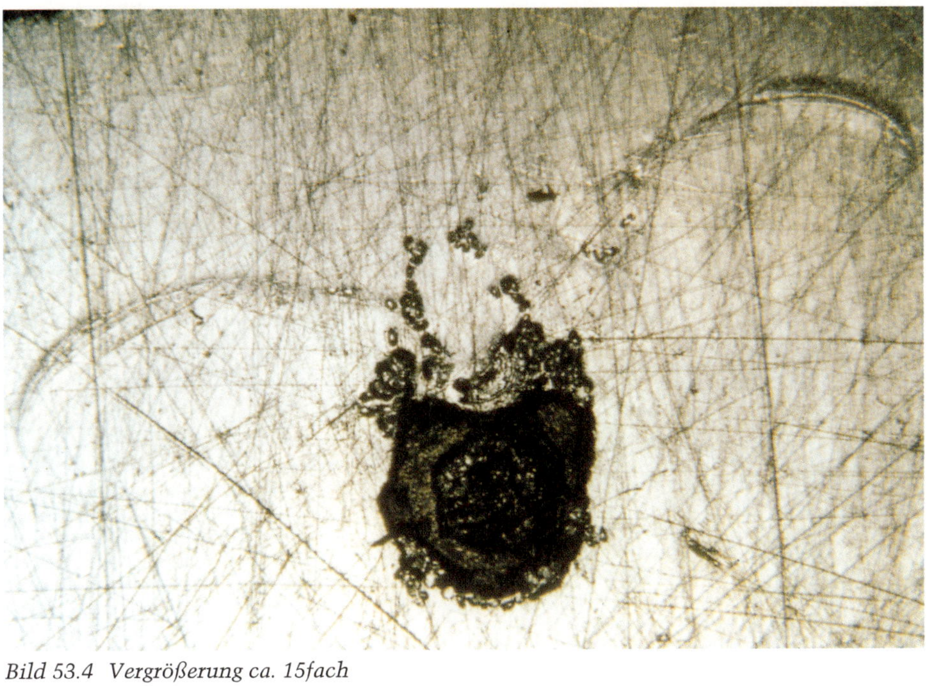

Bild 53.4 Vergrößerung ca. 15fach

Bild 55.1

Dieses Erscheinungsbild ist spezifisch für Decklackanätzungen in den Bereichen, in denen sich Fliegenkörper abgelagert haben (Störung, Bild 53.1, unterer Bereich). Zu erkennen sind schuppenförmige Anätzungen, verbunden mit oberflächlichen Abplatzungen des Decklacks. Der Vergrößerungsfaktor liegt hier bei 50.

Bild 55.2

Wie Bild 55.1, mit Koaxialbeleuchtung.

Bild 56.1

10fache Vergrößerung der in Bild 53.1 im oberen Bereich sichtbaren Fliegenabdrucks im Streiflicht. Es zeigt sich ein kompletter Fliegenabdruck im Decklack. Im unteren Bereich des Fliegenkörpers ist der Lack herausgebrochen. Die Flügel stellen sich in Form von Decklackrissen dar.

Bild 56.2

Wie Bild 56.1, jedoch bei 15facher Vergrößerung und Koaxialbeleuchtung.

Bild 57.1

Vergrößerte Darstellung von Bild 56.1

Bild 57.2

Vergrößerte Darstellung von Bild 56.2. Bei dieser Vergrößerung sind die Decklackrisse, verursacht durch den Insektenflügel, sehr gut zu erkennen. Außer diesen Rissen haben sich aber bereits weitere Risse gebildet, die sich richtungslos durch den Flügelabdruck ausbreiten.

Fig. 55.1

This manifestation is typical of topcoat etchings in the areas where fly bodies have deposited (fig. 53.1, bottom). The scale-like etchings coupled with surface chipping of the topcoat are clearly visible. Damage shown at 50x magnification.

Fig. 55.2

As fig. 55.1 under coaxial illumination.

Fig. 56.1

10x magnification of the fly print shown at the top of fig. 53.1, highlighted. There is a complete fly print in the topcoat. In the lower part of the fly body, the paint has broken off. The wings have caused topcoat cracks.

Fig. 56.2

As fig. 56.1, but at 15x magnification and using coaxial illumination.

Fig. 57.1

Magnified reproduction of fig. 56.1.

Fig. 57.2

Magnified reproduction of fig. 56.2. At this magnification ratio, the topcoat cracks caused by the insect wing are clearly visible. Apart from these cracks, additional cracks have started to form, which extend randomly throughout the wing print.

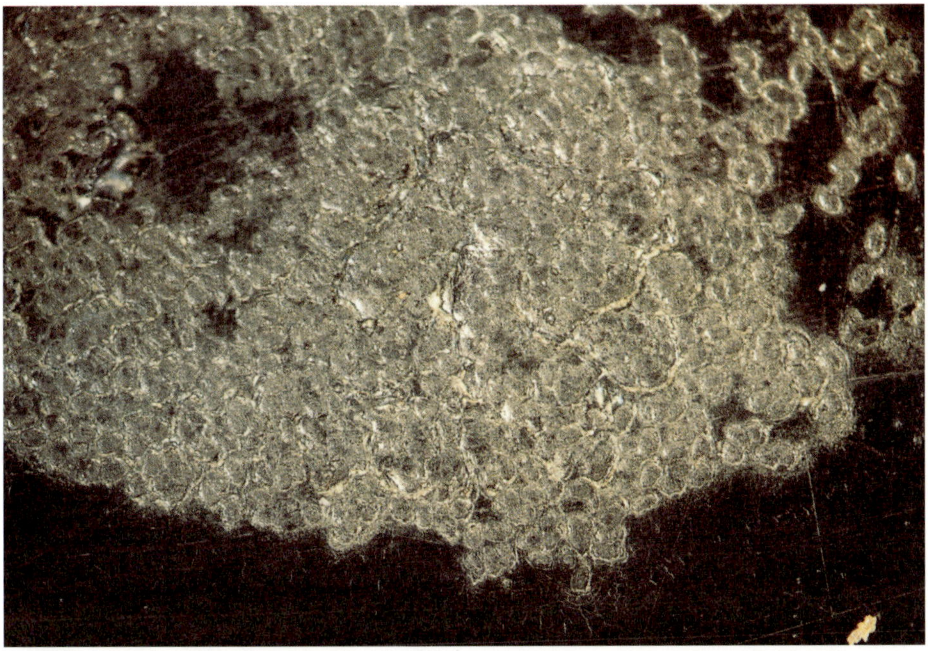

Bild 55.1 Vergrößerung ca. 50fach

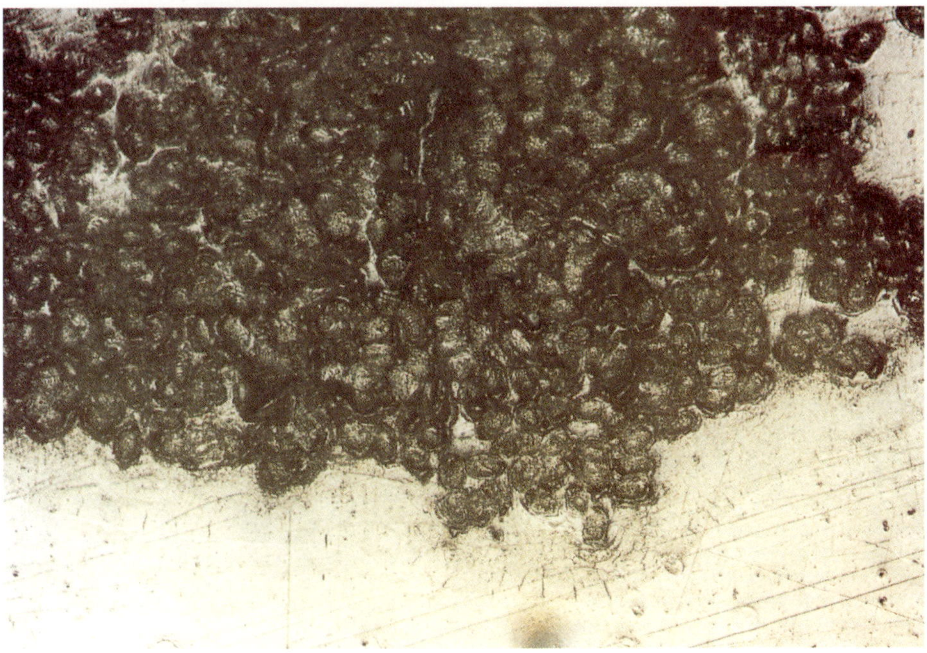

Bild 55.2 Vergrößerung ca. 50fach

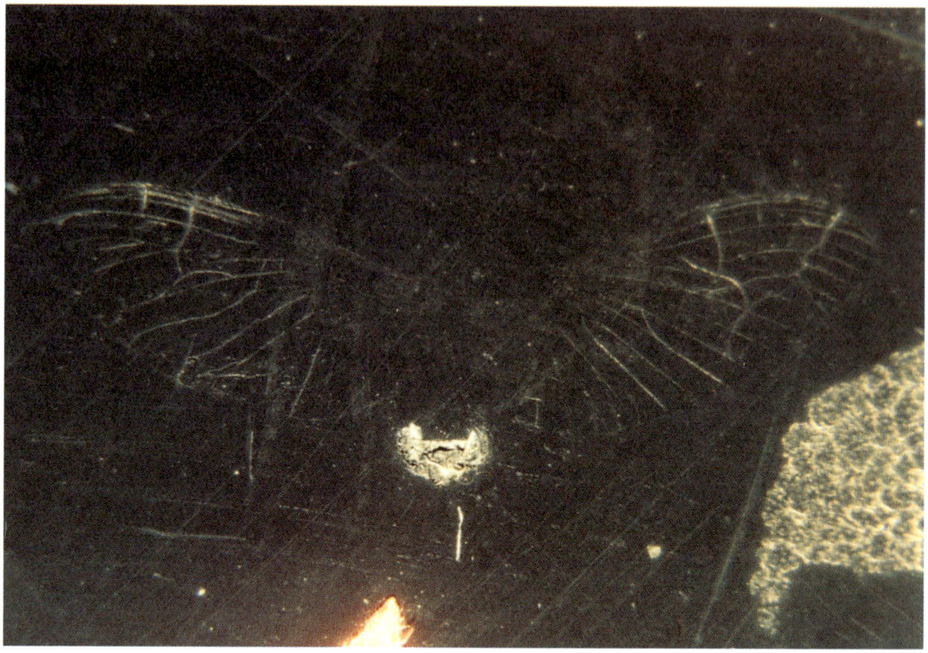

Bild 56.1 Vergrößerung ca. 10fach

Bild 56.2 Vergrößerung ca. 15fach

Bild 57.1 Vergrößerung ca. 50fach

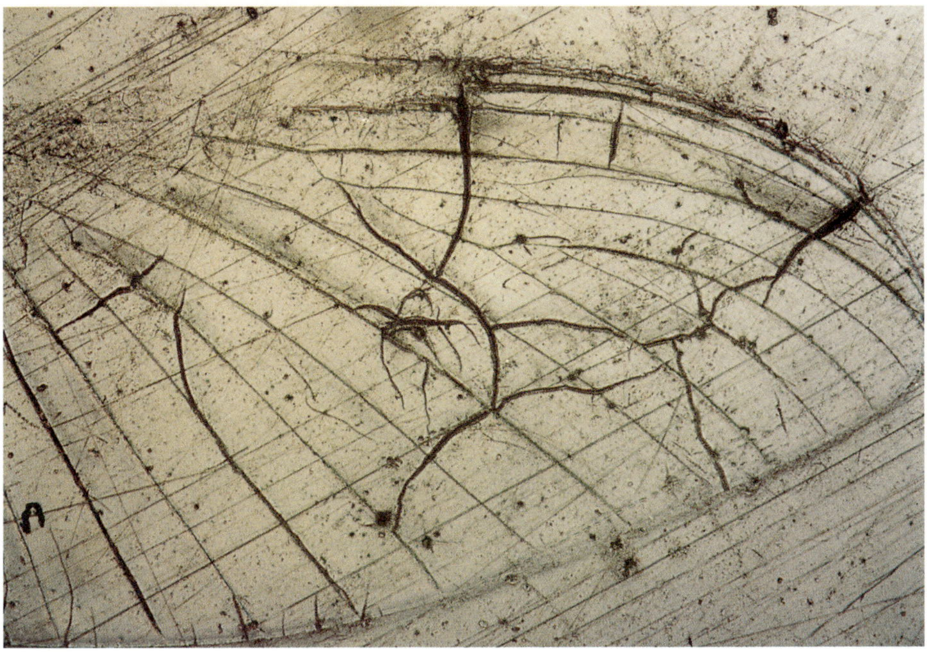

Bild 57.2 Vergrößerung ca. 50fach

2.3 Insektensekret/Gummiarabicum

Die in der Lackindustrie übliche Art, die Schädigungen von Insektensäften nachzustellen, ist der Test mit Gummiarabicum. Obwohl diese Substanz bei längerer Einwirkzeit auf entsprechenden Lackoberflächen keine optimale Übereinstimmung bezüglich des Erscheinungsbildes der Störung erzeugt, läßt sie eine recht gute Aussage über die Empfindlichkeit der geprüften Lacke gegenüber Insektensäften zu.

Bild 59.1

Nachgestellte Schädigung durch Gummiarabicum in Originalgröße und Reflexbeleuchtung. Zu erkennen sind runde bis ovale Schadstellen im Lack. Farbtonveränderungen können nicht ermittelt werden.

Bild 59.2

35fache Vergrößerung der in Bild 59.1 dargestellten Schädigung mit Koaxialbeleuchtung. Sichtbar werden hier die runden Anquellungen der Lackoberfläche.

Bild 59.3

Aufnahme einer einzelnen Schädigung bei 15facher Vergrößerung und Koaxialbeleuchtung. Bei den sichtbaren Strukturen handelt es sich um durch Anquellungen der Lackoberfläche hervorgerufene Unebenheiten.

2.3 Insect secretions/acacia gum

Damages caused by insect secretions are usually simulated using acacia gum. This is an established procedure in the paint industry. While acacia gum does not produce identical damage manifestations when allowed to react for an extended period of time, it is quite suitable for testing the sensitivity of paints towards insect secretions.

Fig. 59.1

Imitated damage caused by acacia gum in original size and using reflex illumination. There are round to oval damages in the paint. Colour variations were not found.

Fig. 59.2

35x magnification of the damage shown in fig. 59.1 using coaxial illumination. The round swellings of the paint surface become obvious here.

Fig. 59.3

Reproduction of an individual damage at 15x magnification and coaxial illumination. The visible structures are uneven areas caused by swellings of the paint surface.

Bild 59.1 Originalgröße

Bild 59.2 Vergrößerung ca. 35fach

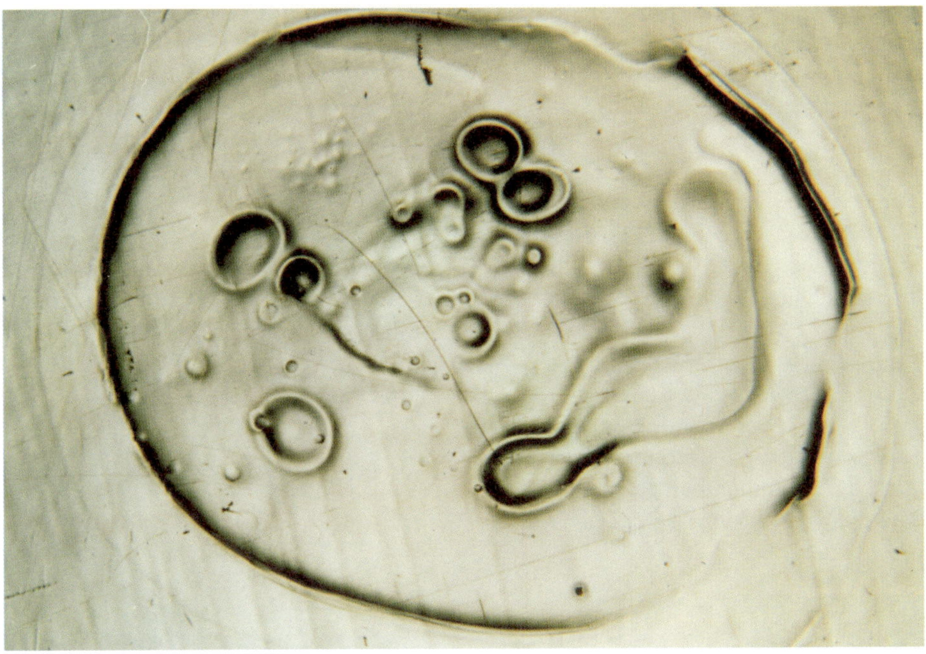
Bild 59.3 Vergrößerung ca. 15fach

2.4 Vogelkot

Die am häufigsten auftretenden Feldschäden in Autolackierungen sind Schäden, hervorgerufen durch Vogelkot. Vogelkot kann schon bei relativ kurzer Einwirkzeit zu Schäden führen, die nur durch eine Reparaturlackierung zu beheben sind. Zum jetzigen Zeitpunkt gibt es in der Automobilindustrie kein Lacksystem, welches gegen Vogelkot absolut resistent ist.

Bei Vogelkot gibt es Unterschiede in der Aggressivität. Mövenkot z.B. ist weitaus ätzender als Kot von Spatzen. Auch die Nahrungsaufnahme eines bestimmten Vogels ist von Einfluß.

Bild 61.1 und Bild 61.2

Auf diesen beiden Bildern ist eine Vogelkotanätzung in einem 2-Schicht-Metallic bei Originalvergrößerung, zum einen im Reflex und zum anderen bei normaler Beleuchtung, dargestellt. Schon ohne Vergrößerung sind Risse und Lackabplatzungen sichtbar.

Bild 61.3

Hier ist die o.a. Störung mit 10facher Vergrößerung dargestellt. Bei dieser Einstellung werden die Risse und die Enthaftungen deutlicher.

Bild 61.4

Gleiche Störung bei 50facher Vergrößerung. Hier ist nun eindeutig zu erkennen, daß die Enthaftung im Basislack stattgefunden hat. Reste des Basislackes befinden sich noch auf der Fülleroberfläche.

2.4 Bird droppings

The most frequent field damage to automotive paints is caused by bird droppings. Bird droppings may cause damages after relatively short reaction times, and these damages can only be removed by refinishing. At present, worldwide no paint system used by the car industry is absolutely resistant to bird droppings.

The corrosiveness of the bird droppings also differs from one species to the next. Gull droppings, for instance, have a far more caustic effect than sparrow droppings.

Fig. 61.1 and 61.2

These two pictures are original-size reproductions of etching in a two-coat metallic caused by bird droppings under reflex and normal illumination. The cracks and chippings are obvious even without magnification.

Fig. 61.3

The a/m damage magnified 10x. This reproduction shows the cracks and loss of adhesion even more clearly.

Fig. 61.4

The same damage magnified 50x. Here we can see quite clearly that the loss of adhesion starts in the basecoat. Remainders of the basecoat are left on the filler surface.

Bild 61.1 Originalgröße

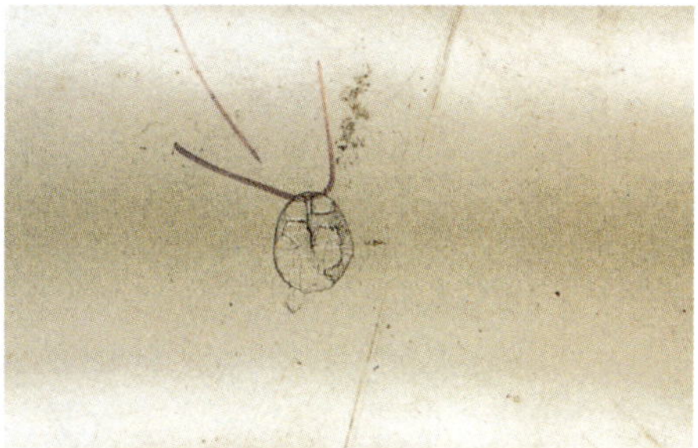
Bild 61.2 Originalgröße

Bild 61.3 Vergrößerung ca. 15fach

Bild 61.4 Vergrößerung ca. 50fach

2

Wichtig ist auch die Tatsache, daß nicht nur das Bindemittel durch die Exkremente zerstört wird sondern auch Pigmente. Bei Rotpigmenten kann es z.B. zu Entfärbungen kommen (z.B. Azo-Pigmente), Chromgelb (Bleichromat) in Uni-Grün gibt blaue Flecken (Gelb hat sich aufgelöst), usw.

Auf der gegenüberliegenden Seite wird das klassische Erscheinungsbild einer Vogelkotanätzung dargestellt.

Bild 63.1

Vogelkotanätzung eines dunkelblauen Uni-Decklacks in Originalgröße im reflektiertem Licht. Zu erkennen sind massive Anätzungen der Decklackoberfläche. Farbtondifferenzen können bei dieser Beleuchtung nicht erfaßt werden.

Bild 63.2

Gleiches Muster wie bei Bild 63.1, jedoch bei normaler Beleuchtung. Hier ist im Störungsbereich eine Gelbfärbung sichtbar.

Bild 63.3

15fache Vergrößerung der Schadstelle, dargestellt in Koaxialbeleuchtung. Deutlich sichtbar sind hier die Anquellungen des Decklacks, verbunden mit einer Zerstörung der homogenen Oberfläche. Risse sind in diesem Fall nicht zu erkennen.

A classic manifestation of etching caused by bird droppings is shown on the right page.

Another point of importance is that the excrements destroy not only the binder, but also the pigments. In the case of red pigments, for instance, they can even result in discoloration (e. g. azo-pigments). Chrome-yellow (lead chromate) in plain green produces blue patches (the yellow has disintegrated) etc.

Fig. 63.1

Etching caused by bird droppings on a dark blue solid-coloured topcoat in original size in reflected light. Massive etchings of the topcoat surface are clearly visible. Colour shade variations cannot be seen with this kind of illumination.

Fig. 63.2

The same sample as in fig. 63.1 under a different illumination. Here we see that the damaged area has turned yellow.

Fig. 63.3

15x magnification of the damaged area reproduced using coaxial illumination. The swellings of the topcoat coupled with the destruction of the homogeneous surface are clearly visible here. In this case, there are no cracks.

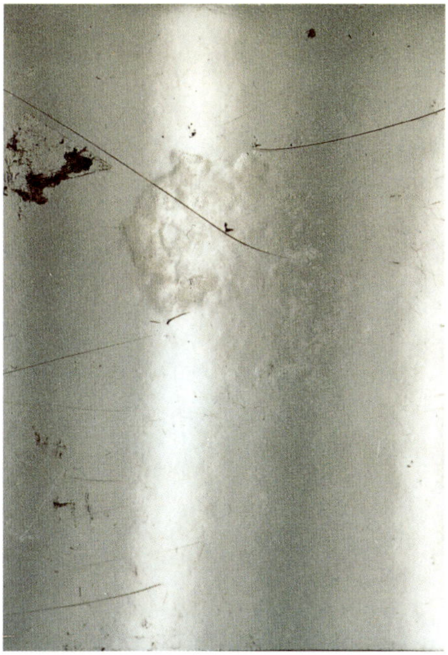

Bild 63.1 Originalgröße

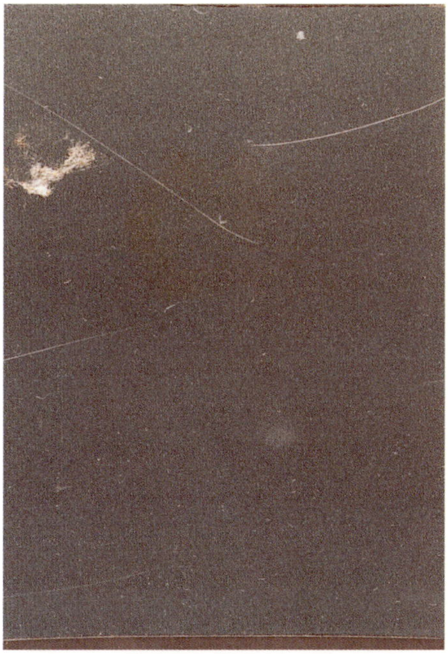

Bild 63.2 Originalgröße

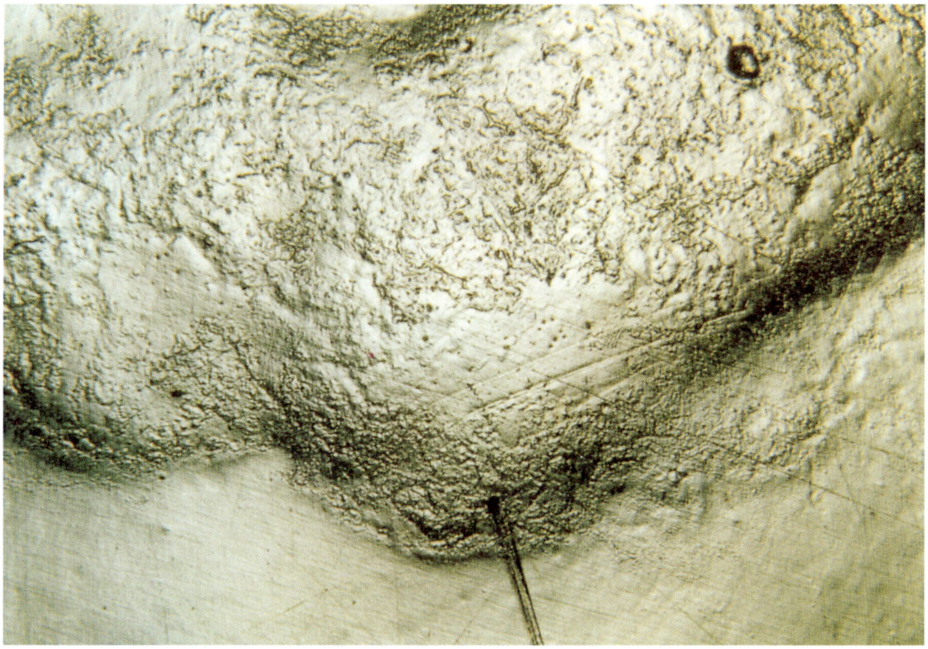

Bild 63.3 Vergrößerung ca. 15fach

Auf den nächsten Seiten werden weitere mögliche Erscheinungsbilder von Feldschäden gezeigt, die auf das Einwirken von Vogelkot zurückzuführen sind.

Bild 65.1

Vogelkotanätzung auf einem blauen Uni-Decklack in Originalgröße im Reflex. Auch hier sind ohne optische Hilfsmittel die Schädigungen zu erkennen. Es kann in diesem Fall nicht ohne weitere Untersuchungen eine Aussage über die Schädigungstiefe gemacht werden.

Bild 65.2

Partielle 15fache Vergrößerung der o.a. Störung. In diesem Bereich ist überwiegend eine starke Zerstörung der Lackoberfläche zu erkennen (Anätzung). Queller markieren sich kaum.

Bild 65.3

Ebenfalls eine partielle 15fache Vergrößerung der o.a. Störung. In diesem Bereich kommt es schwerpunktmäßig zu Quellern. Eine Anätzung der Oberfläche hat nur in einem geringen Maße stattgefunden.

The following pages show possible manifestations of field damages that can be traced back to bird droppings.

Fig. 65.1

Etching caused by bird droppings on a blue solid-coloured topcoat in original size under reflex illumination. The damages are visible without optical devices here, too. The depth of the damage could only be determined by additional examination.

Fig. 65.2

15x magnification of part of the a/m damage. In this area, the paint surface has been destroyed seriously by etching. There are hardly any swellings.

Fig. 65.3

15 x magnification of a different part of the a/m damaged area. In this area, there are mainly swellings. The paint surface has been etched lightly.

Bild 65.1 Originalgröße

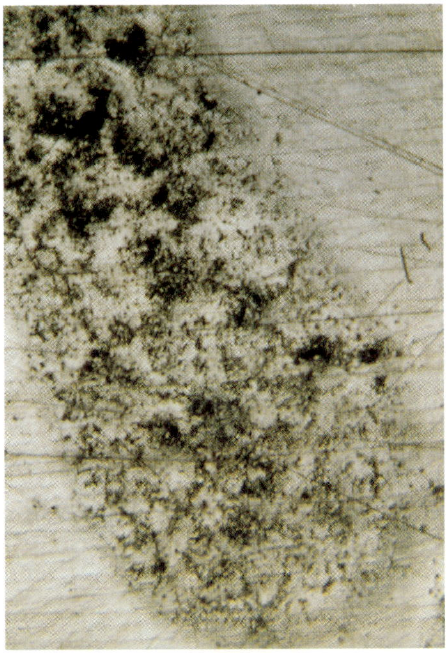

Bild 65.2 Originalgröße

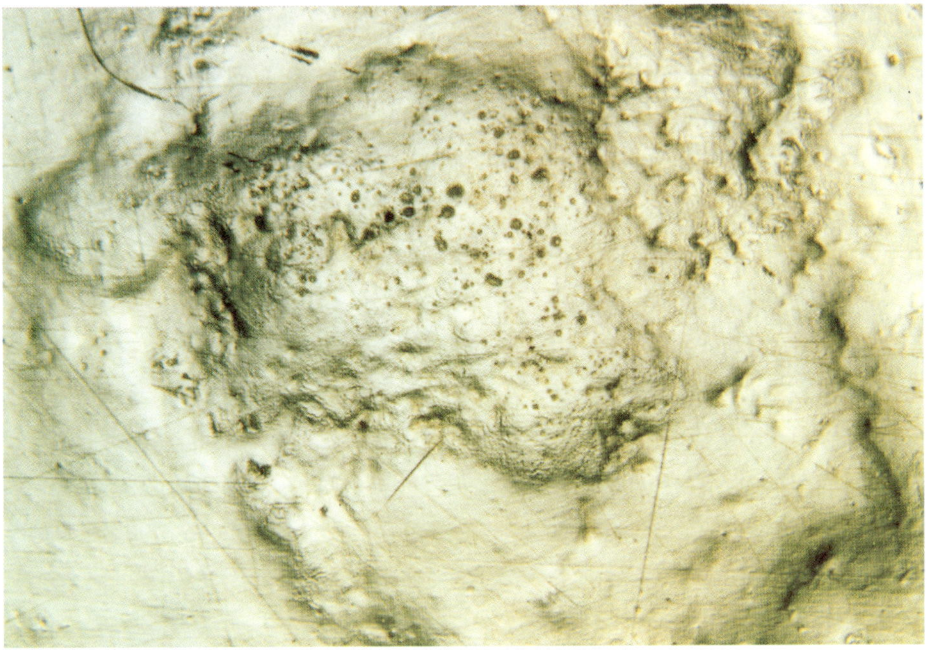

Bild 65.3 Vergrößerung ca. 15fach

Bild 67.1

Markierung von Vogelkot auf einem 2-Schicht-Silbermetallic in Originalgröße.

Bild 67.2

Nach dem Entfernen des o.a. Vogelkotes zeigt sich eine starke Rißbildung in der Klarlackoberfläche. Die entstandenen Risse reichen in der Regel mindestens bis zur nächsten Lackschicht.

Bild 67.3

Bei dem in dieser Abbildung dargestellten Objekt handelt es sich um eine 3fach vergrößerte Vogelkotschädigung in einem roten Uni-Decklack. Hier sind eine Vielzahl von Rissen erkennbar, die mindestens bis zum Füller reichen. Aufgrund der Intensität der Anätzung ist es zu massiven Enthaftungserscheinungen zwischen Decklack und Füller gekommen.

Bei der Reparatur solcher sehr gravierender Schäden ist anzuraten, die Schadstelle zur Sicherheit bis zum KTL, in Einzelfällen sogar bis zum blanken Blech abzuschleifen, da nie genau bekannt ist, wie weit die Schädigung reicht.

Fig. 67.1

Marks of bird droppings on a two-coat silver metallic in original size.

Fig. 67.2

After the removal of the a/m bird droppings, severe cracks start to form on the clearcoat surface. Most of the cracks reach at least down to the next paint coat.

Fig. 67.3

The object shown in this figure is a 3x magnification of a damage caused by bird droppings on a red solid-coloured topcoat. The paint surface has a large number of cracks reaching at least down to the filler. The severe etching has caused massive loss of adhesion of the topcoat to the filler.

It is always advisable when repairing such defects to sand the defective area right down to the cutaphoretic clip coator in some cases even to the bare metal, since the full extent of the damage cannot be known.

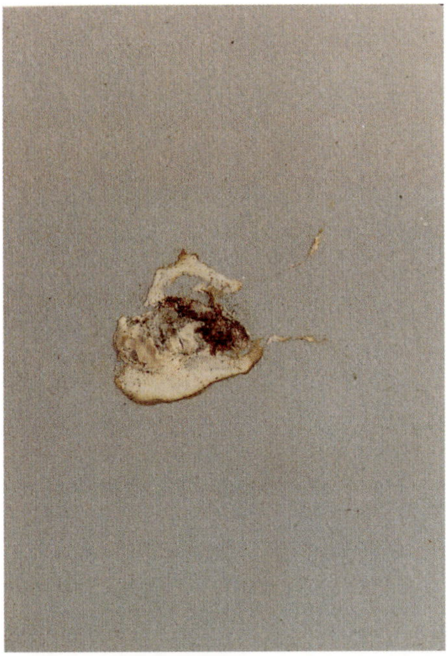

Bild 67.1 Originalgröße

Bild 67.2 Originalgröße

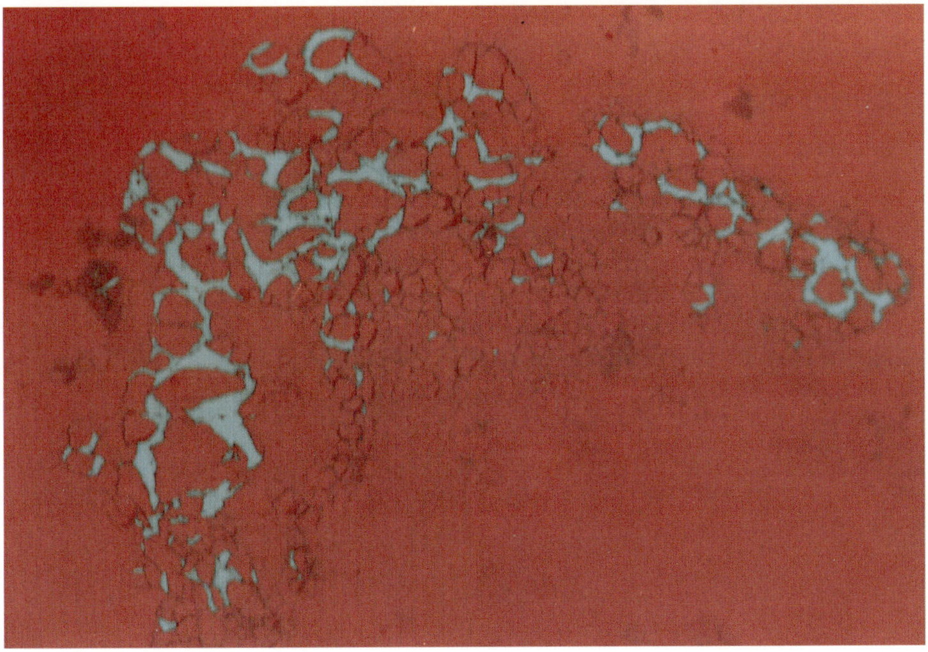

Bild 67.3 Vergrößerung ca. 15fach

Der durch Vogelkot verätzte und angequollene Lack hat seine technologischen Eigenschaften wie Härte, Glanz etc. komplett verloren. Er ist aufgrund seiner weichen Konsistenz nicht mehr polierbar bzw. schleifbar. Eine Reparatur solcher Schäden gestaltet sich äußerst schwierig In der Regel muß der geschädigte Bereich abgeschliffen und neu lackiert werden.

Bild 69.1

Darstellung einer Vogelkotanätzung in einem schwarzen Uni-Decklack bei 10facher Vergrößerung bei schrägem Lichteinfall. Zu erkennen sind eine Vielzahl von Rissen und großflächigen Enthaftungserscheinungen, die die hellere Füllerschicht in einigen Bereichen sichtbar werden lassen. Außerdem ist eine partielle Vermattung der Decklackoberfläche eine weitere Folge der Anätzung.

Bild 69.2

Wie Bild 69.1.

Bild 69.3

50fache Vergrößerung der o.a.. Schädigung, ebenfalls unter Schräglicht. Bei dieser Vergrößerung werden die Enthaftungserscheinungen und die Rißbildungen noch besser sichtbar, so daß auch Aussagen über die Schädigungstiefe gemacht werden können

Due to the etching and swelling caused by bird droppings, the paint has lost its technological characteristics such as hardness, gloss, etc. completely. Due to its soft build, it cannot longer be polished or sanded. Therefore it is very difficult to repair damages like these. Usually, the damaged area must be sanded down to the bare metal and refinished completely.

Fig. 67.1

Reproduction of etching caused by bird droppings on a black solid-coloured topcoat using oblique illumination. The paint shows a large number of cracks and large-scale loss of adhesion so that the lighter filler coat shines through in some areas. Moreover, parts of the topcoat surface have matted due to the etching.

Fig. 67.2

As fig. 67.1

Fig. 67.3

50x magnification of the a/m damage using oblique illumination, too. With this magnification, the loss of adhesion and the cracks are even better visible, allowing the viewer to determine the depth of the damage.

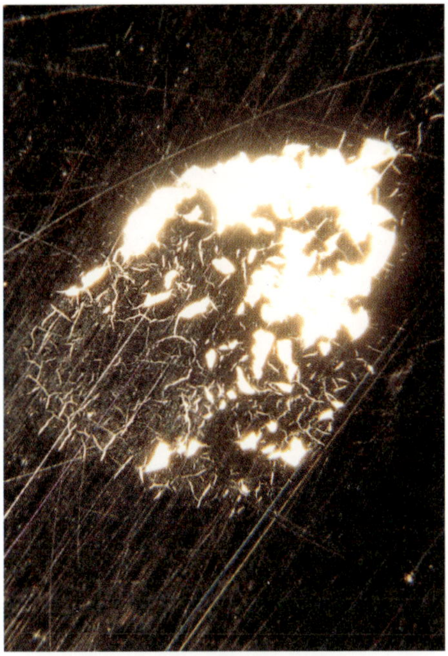

Bild 69.1 Vergrößerung ca. 10fach

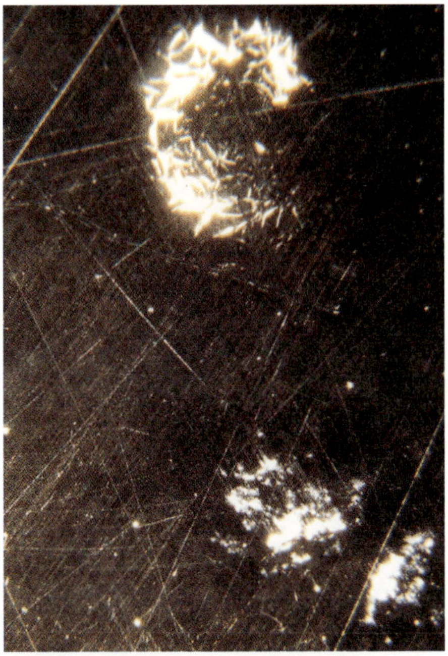

Bild 69.2 Vergrößerung ca. 10fach

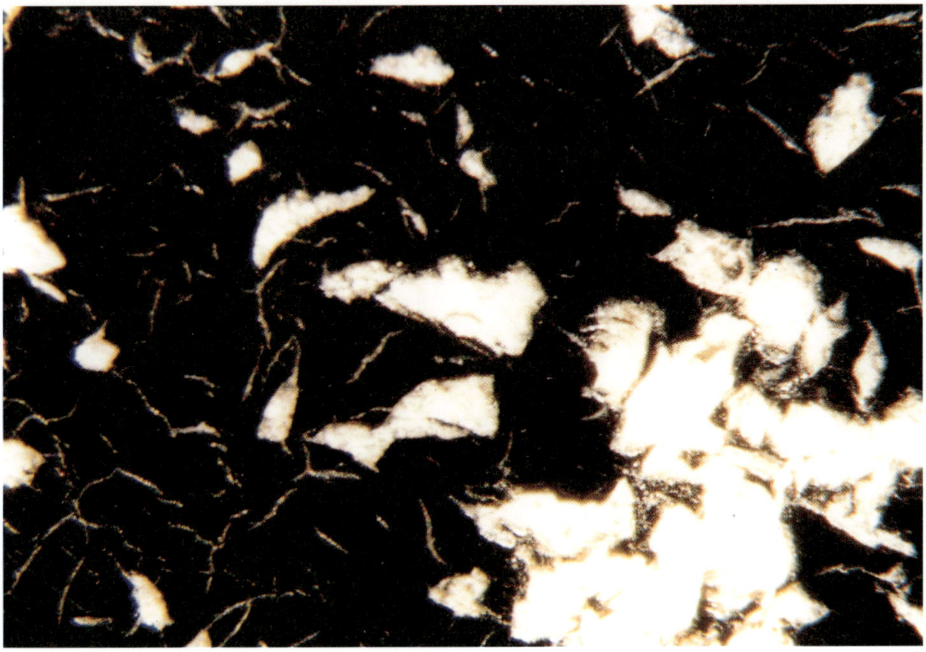

Bild 69.3 Vergrößerung ca. 50fach

Chemische Einflüsse
Chemical influences

KAPITEL 3

3 Chemische Einflüsse

Ein zweiter großer Bereich der Feldschäden wird durch chemischen Einflüsse verursacht.

Hiermit sind Kontaminationen mit diversen Reagenzien gemeint, die z.B. zur Reinigung, der Fahrzeuge, als Frostschutzmittel für die Scheibenwaschanlage und als Betriebsmittel für das Auto eingesetzt werden.

Die Schädigung durch Sauren Regen wird ebenfalls in diesem Kapitel behandelt. Hierbei handelt es sich um Anätzungen in der Lackoberfläche, hervorgerufen durch das Eintrocknen von Wassertropfen, die durch Industrieabgase, im diesem Falle Schwefelsäure ($H2SO_4$) oder Schweflige Säure ($H2SO_3$), verunreinigt sind.

Die Aggressivität der einzelnen Substanzen ist sehr unterschiedlich. Eine Schädigung verursacht durch Kraftstoffeinwirkung ist bei den heutigen in Europa gängigen Lacktechnologien in der Regel nicht mehr zu befürchten. Falls man jedoch einen Lappen mit Kraftstoff tränkt und diesen über Nacht auf dem Fahrzeug liegenläßt, kann es durchaus zu Anquellungen der Lackschicht kommen, die teilweise nicht mehr reversibel sind.

Außerdem können im Bereich der Tanköffnung durch überlaufenden Treibstoff Farbveränderungen auftreten.

Auch Reinigungssubstanzen, die im Normalfall nur eine pflegende Wirkung auf die Lackoberfläche haben sollten, können bei längerer Einwirkzeit Schädigungen hervorrufen.

Auf den nächsten Seiten wird eine Vielzahl dieser Schädigungen gezeigt.

3 Chemical influences

Chemical influences are another main cause of field damages.

Chemical influences are contaminations with various reagents which are used in everyday life to clean the vehicles, as antifreezing compound for the window wiping system and as operating materials for the car.

Damage caused by acid rain will be dealt with in this chapter, too. Acid rain causes etchings when drops of water containing sulphuric acid ($H2SO_4$) or sulphurous acid ($H2SO_3$) from industrial emission dry on the paint surface.

The individual substances show various degrees of aggressiveness. With the paint technologies used in Europe nowadays, vehicle owners no longer need to fear damages caused by fuel. If, however, a cloth soaked with fuel is left lying on a vehicle overnight, it may well cause irreversible swellings of the paint surface.

Overflowing fuel may cause colour shade variations in the tank cap area, however.

Cleaning substances, which are usually applied to maintain the paint surface, may cause damages, too, when they are allowed to react for an extended period of time.

A large number of these damages is shown on the following pages.

In some cases, individual damages were imitated because original damaged parts were not always available for this documentation.

The reproductions showing a round damage with a diameter of approx. 6 cm are imitations. In these cases, a cotton ball soaked with the test substance in

Es handelt sich teilweise um Nachstellungen einzelner Schäden, da nicht alle der gezeigten Störungen als Originalschäden für diese Dokumentation zur Verfügung standen.

Bei den Bildern, auf denen eine ca. 6 cm durchmessende runde Schädigung zu erkennen ist, handelt es sich um nachgestellte Schäden. In diesen Fällen wurde ein mit der entsprechenden Testsubstanz getränkter Wattebausch auf die Lackoberfläche aufgebracht und mit einem Uhrglas abgedeckt, damit die Substanz nicht verdunsten konnte.

Dieser Wattebausch wurde anschließend 24 Stunden auf der Lackoberfläche belassen.

Zwischen dem Entfernen der Testanordnung und der fotografischen Dokumentation wurde eine Regenerierungsphase von 24 Stunden eingeschoben.

Dies ist eine in der Lackindustrie gängige Methode, Lackoberflächen auf ihre Chemikalienbeständigkeit zu überprüfen.

question was put on the paint surface and covered by a watch-glass so that the substances could not evaporate.

This cotton ball was then left on the paint surface for 24 hours.

Between the removal of the test arrangement and the photographic documentation, the paint surface was left to regenerate for 24 hours.

By the way, this procedure is frequently used in the paint industry to test the resistance of paint surfaces to chemical substances.

3.1 Ameisensäure

Bei der Einwirkung von Ameisensäure auf die Lackoberfläche kommt es je nach Lackqualität zu substanzspezifischen Schädigungen. Die Ameisensäure diffundiert durch die Decklackschicht und verursacht, abgesehen von partiellen Vermattungen, in den meisten Fällen eine massive Blasenbildung.

Die Beispiele auf den nächsten Seiten geben einen repräsentativen Querschnitt der Erscheinungsbilder wieder.

Bild 75.1

Anätzung eines 1K-Decklacks in Originalgröße. Erkennbar sind tröpfchenförmige Anätzungen, in deren Zentren sich blasenförmige Strukturen bilden.

Bild 75.2

10fache Vergrößerung der o.g. Störung. Jetzt ist die strukturierte Decklackoberfläche mit den Blasen eindeutig sichtbar.

Bild 76.1

Anätzung eines 2K-Decklacks. Hier sind ebenfalls die tropfenförmigen Anätzungen sichtbar, jedoch ohne Blasenbildung.

Bild 76.2

10fache Vergrößerung der in Bild 76.1 dargestellten Störung.

Bild 77.1 und Bild 77.2

15fache Vergrößerung der Schädigungen in einem 1K-Decklack mit Koaxialbeleuchtung. Aufgrund dieser Beleuchtungstechnik werden die durch die Anätzung hervorgerufenen Decklackstrukturen besonders deutlich sichtbar.

3.1 Formic acid

Formic acid reacting with the paint surface causes damages with degrees varying according to the paint quality. The formic acid diffuses through the topcoat and causes partial matting and in most cases massive pinholing.

The examples shown on the following pages are a representative cross-section of typical damages.

Fig. 75.1

Etching of a 1K topcoat in original size. The centres of the drop-shaped etchings are marked by pinhole structures.

Fig. 75.2

10x magnification of the a/m damage. Here the structured topcoat surface with pinholes is clearly visible.

Fig. 76.1

Etching of a 2K topcoat. Here the etchings are drop-shaped, too, but without pinhole structures.

Fig. 76.2

10x magnification of the damage shown in fig. 76.1.

Fig. 77.1 and 77.2

15x magnification of the damages in a 1K topcoat using coaxial illumination. This illumination technique shows the topcoat structures caused by etching very clearly.

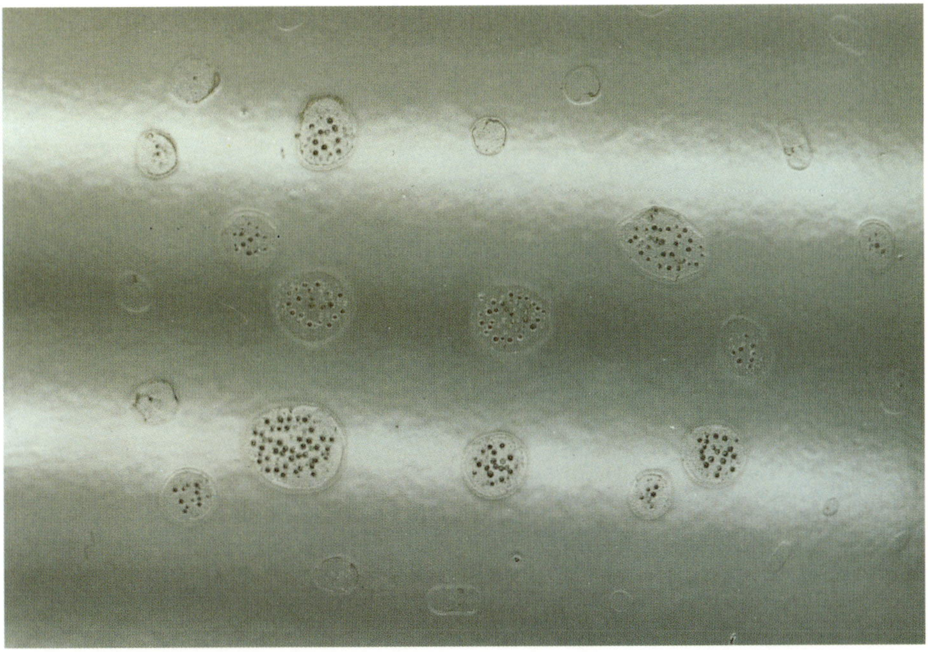

Bild 75.1 Originalgröße

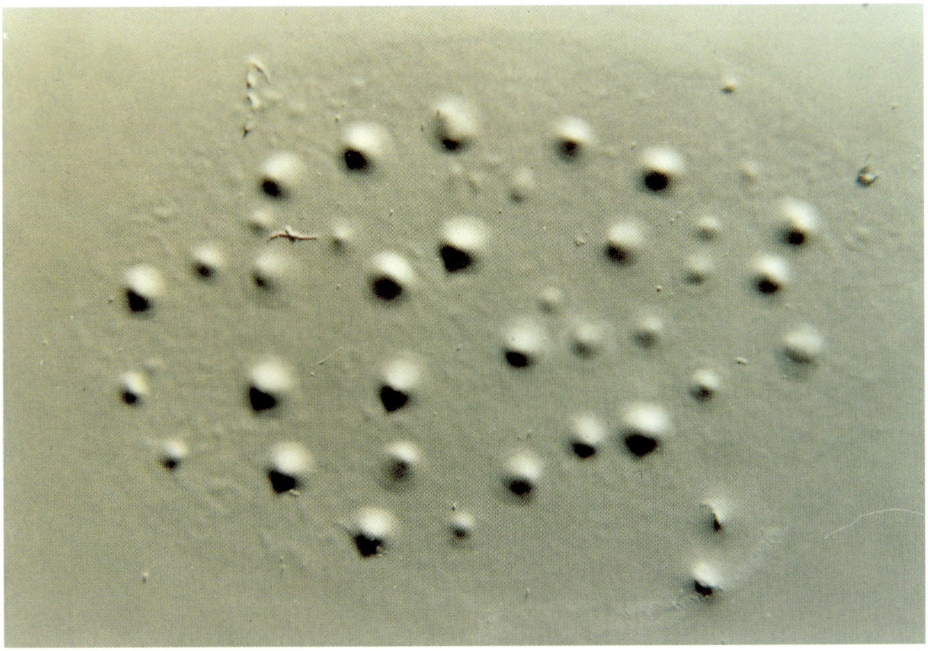

Bild 75.2 Vergrößerung ca. 10fach

3

Bild 76.1 Originalgröße

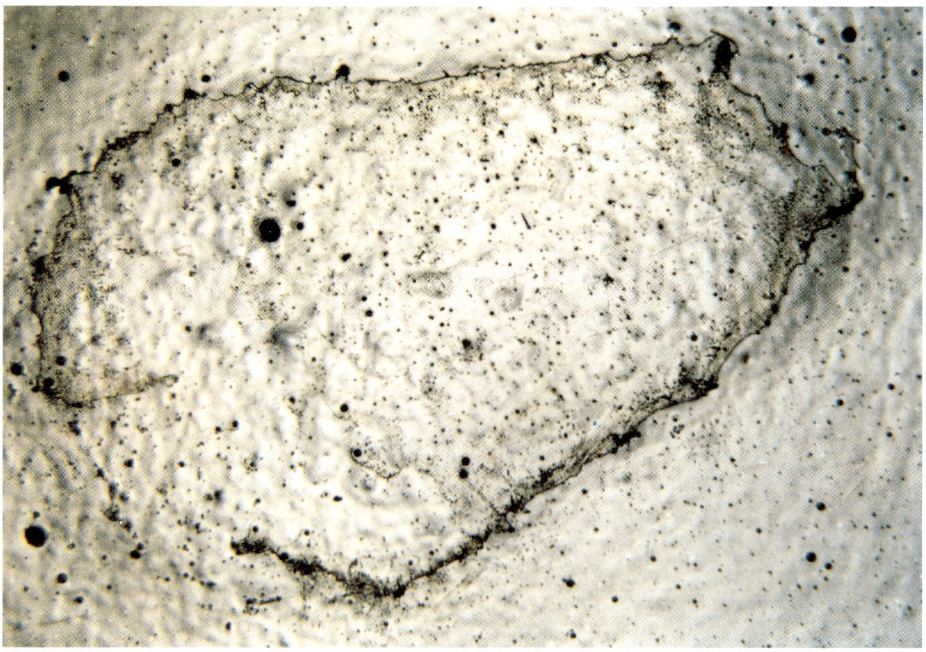

Bild 76.2 Vergrößerung ca. 10fach

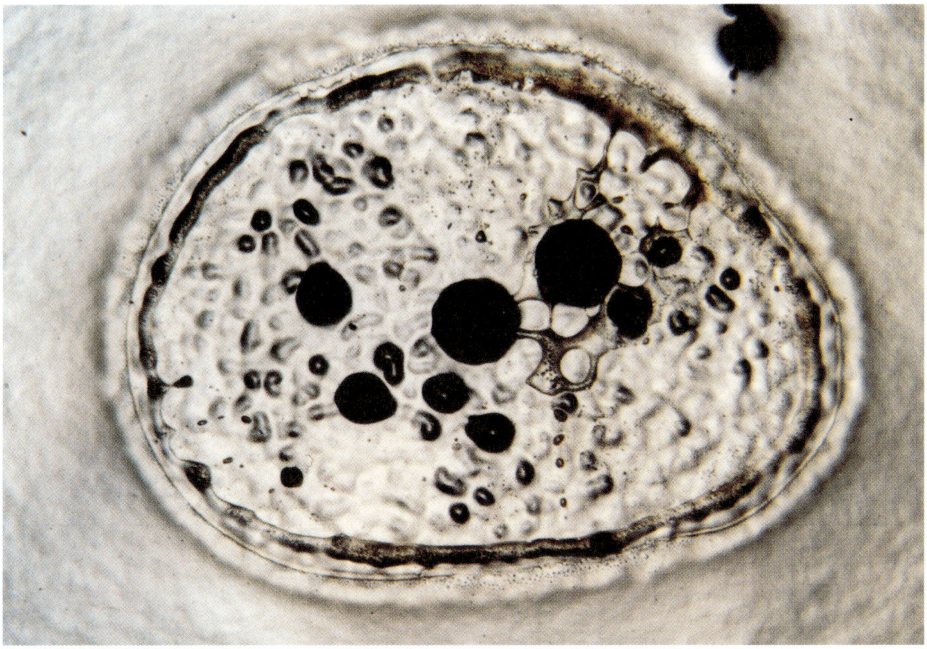

Bild 77.1 Vergrößerung ca. 15fach

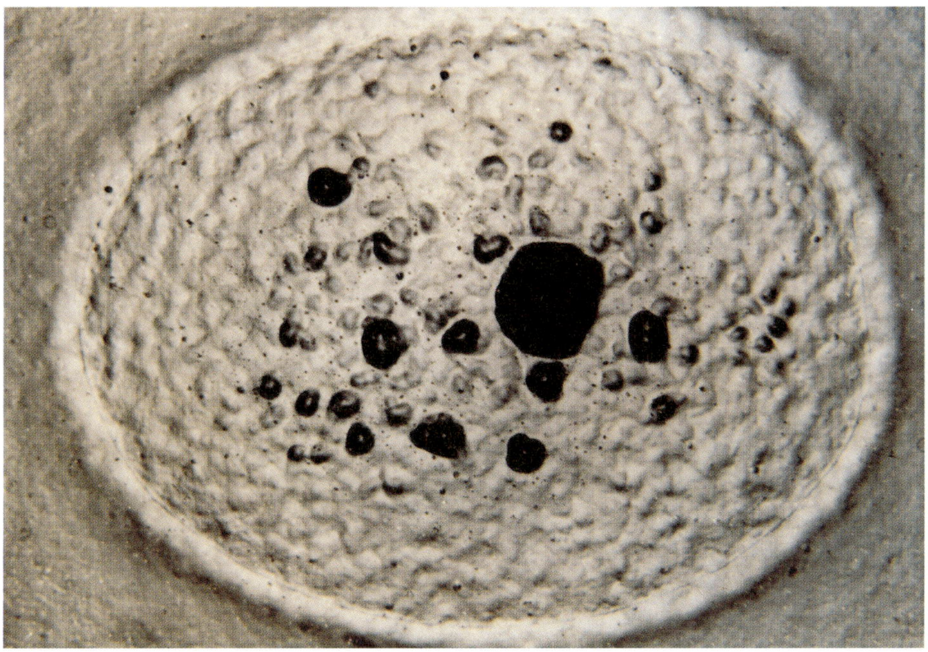

Bild 77.2 Vergrößerung ca. 15fach

3.2 Benzine

Auf den nächsten Seiten werden Anquellungen, verursacht durch verschiedene Benzine, dargestellt. Die Schädigungen wurden nach dem auf zu Beginn des Kapitels beschriebenen Prinzip nachgestellt.

Bild 79.1

Queller, verursacht durch bleifreies Normalbenzin auf einem weißen 1K-Uni-Decklack.

Bild 79.2

Queller, verursacht durch bleifreies Normalbenzin auf einem 1K-2-Schicht-Silber.

Bild 80.1

Queller, verursacht durch Superbenzin auf einem weißen 1K-Uni-Decklack.

Bild 80.2

Queller, verursacht durch Superbenzin auf einem 1K-2-Schicht-Silber.

Bild 81.1

Queller, verursacht durch bleifreies Superbenzin auf einem weißen 1K-Uni-Decklack

Bild 81.2

Queller, verursacht durch bleifreies Superbenzin auf einem 1K-2-Schicht-Silber.

3.2 Fuels

The following pages show swellings caused by various kinds of fuels. The damages were imitated according to the procedure described on page 73.

Fig. 79.1

Swelling caused by unleaded regular gasoline on a white 1K solid-coloured topcoat.

Fig. 79.2

Swelling caused by unleaded regular gasoline on a 1K two-coat silver.

Fig. 80.1

Swelling caused by premium grade gasoline on a white 1K solid-coloured topcoat.

Fig. 80.2

Swelling caused by premium grade gasoline on a 1K two-coat silver.

Fig. 81.1

Swelling caused by unleaded premium grade gasoline on a white 1K solid-coloured topcoat.

Fig. 81.2

Swelling caused by unleaded premium grade gasoline on a 1K two-coat silver.

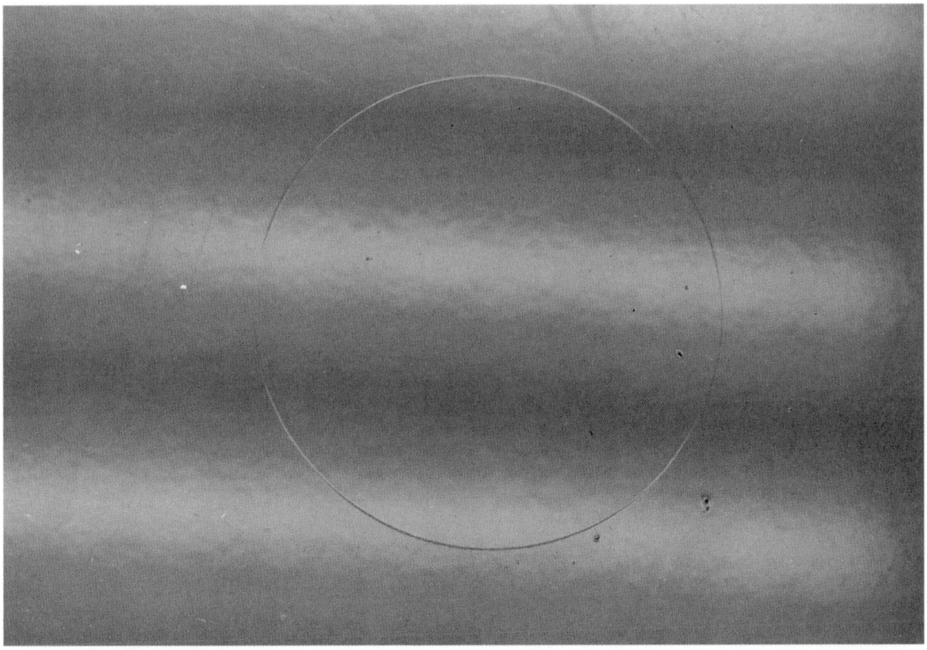

Bild 79.1 Originalgröße

Bild 79.2 Originalgröße

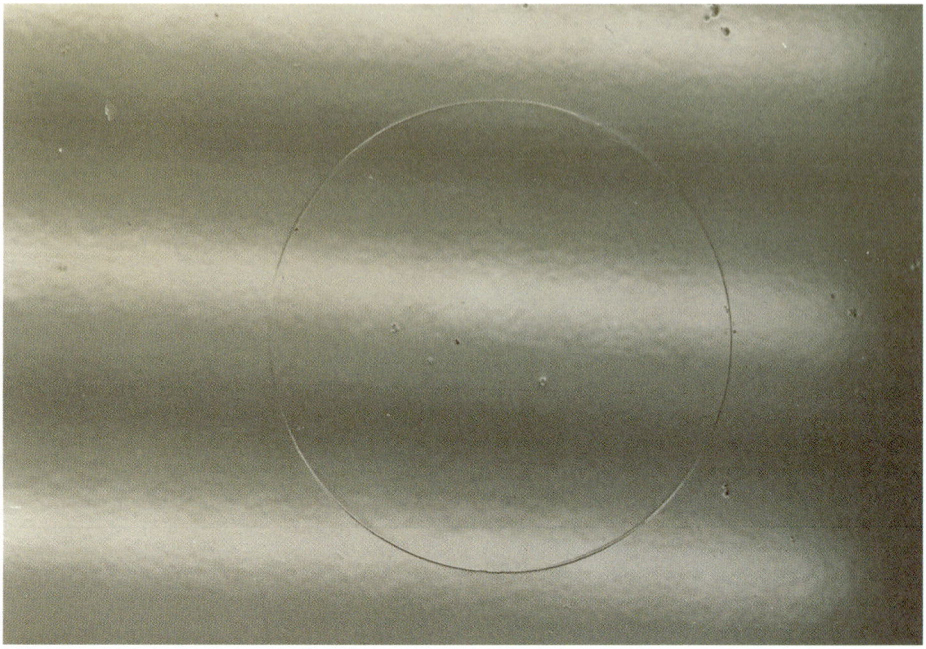

Bild 80.1 Originalgröße

Bild 80.2 Originalgröße

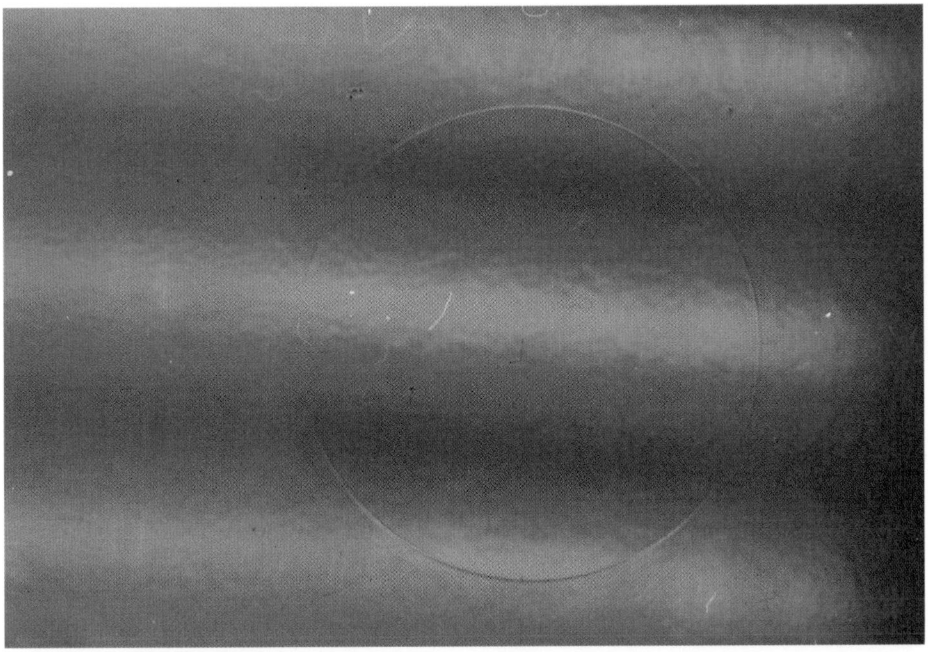

Bild 81.1 Originalgröße

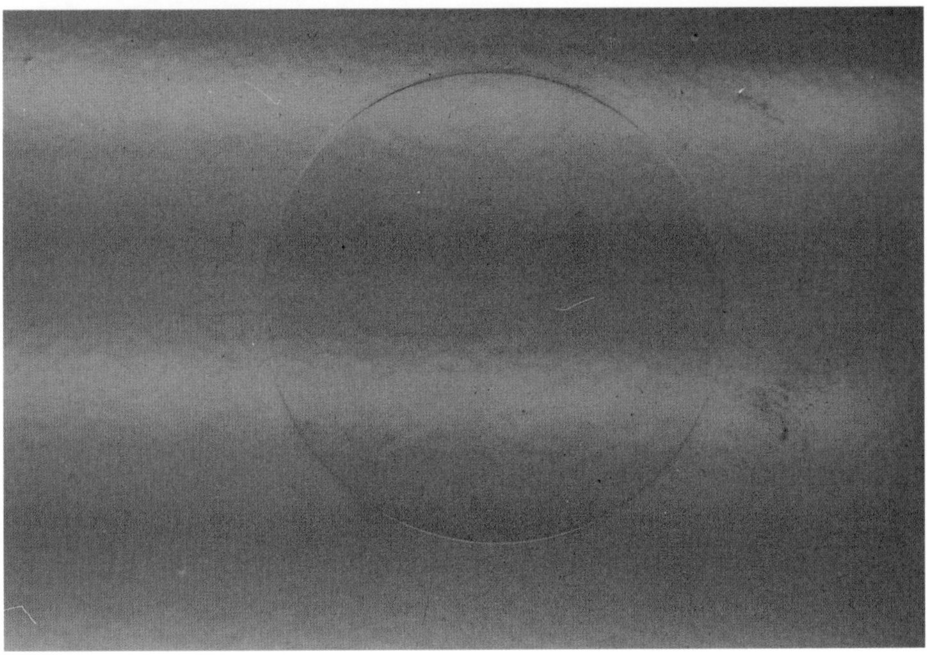

Bild 81.2 Originalgröße

3.3 Bremsflüssigkeit

Bremsflüssigkeit ist ebenfalls ein sehr aggressives Medium, das bei längerer Verweilzeit auf der Lackoberfläche zu Anquellungen und Anätzungen führen kann.

Bild 83.1

Queller, verursacht durch Bremsflüssigkeit, in Originalgröße im Reflex. Ohne optische Hilfsmittel sind die Schadstellen eindeutig zu erkennen.

Bild 83.2

Nochmals eine Anätzung durch Bremsflüssigkeit in Originalgröße. Auch hier sind die nicht reversiblen Schädigungen mit dem bloßen Auge zu erkennen.

Bild 83.3

35fache Vergrößerung eines Übergangsbereiches geschädigt/nicht geschädigt mit Koaxialbeleuchtung. Deutlich sichtbar ist die angeätzte und dadurch stärker strukturierte (dunklere) Oberfläche.

3.2 Brake fluid

Brake fluid is another aggressive medium that may cause swellings and etchings if it is left on the paint surface for an extended period of time.

Fig. 83.1

Swelling caused by brake fluid in original size and under reflex illumination. The damaged areas are visible even without optical devices.

Fig. 83.2

Another etching caused by brake fluid in original size. The irreversible damage is visible with the naked eye, too.

Fig. 83.3

35x magnification of a damaged/undamaged transition area under coaxial illumination. The etched and thus more structured (darker) surface is clearly visible.

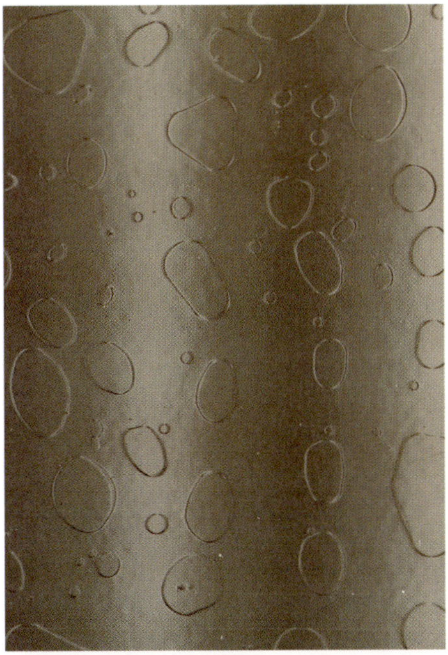

Bild 83.1 Originalgröße

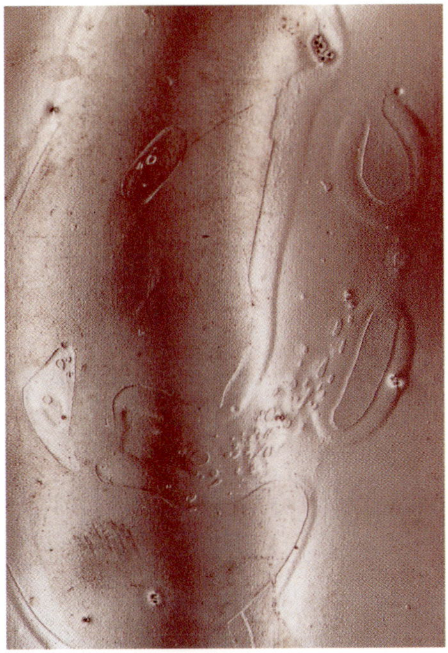

Bild 83.2 Originalgröße

3

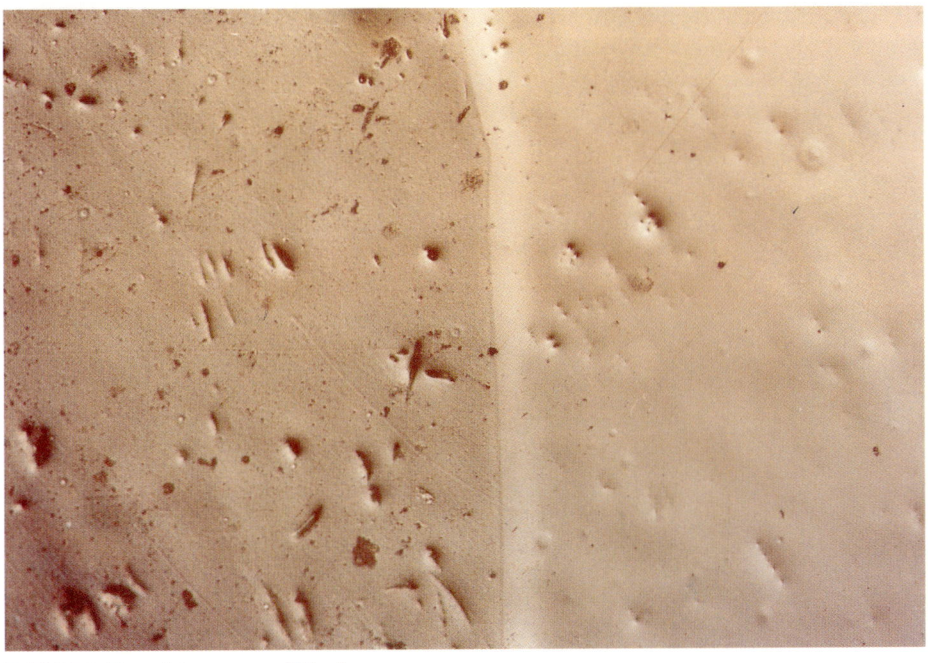

Bild 83.3 Vergrößerung ca. 35fach

In vereinzelten Fällen, d.h. bei längerer Einwirkzeit und entsprechend hohen Temperaturen, kann es auch zu Enthaftungserscheinungen kommen.

Bild 85.1

Aufsicht einer Bremsflüssigkeitanätzung in Originalgröße und Reflexbeleuchtung in einem 2-Schicht-Metallic. Deutlich sind die starke Anätzung, die zu einer extremen Vermattung des Klarlacks führt, und die partielle Enthaftung der oberen Lackschicht.

Bild 85.2

50fache Vergrößerung des Störungsbereiches. Bei dieser Vergrößerung werden die vom Basislack übriggebliebenen Aluminiumpigmente auf dem grünen Füller sichtbar.

Bild 85.3

10fache Vergrößerung des Enthaftungsbereichs. Der Klarlack und der größte Teil des Basislacks haben sich vom Füller abgelöst. Am Schädigungsrand ist der Klarlack stark gewellt.

In individual cases, i.e. with extended reaction times and at high temperatures, loss of adhesion may also arise.

Fig. 85.1

Top view of etching caused by brake fluid in a two-coat metallic in original size and under reflex illumination. The severe etching causing extreme matting of the clearcoat and the partial loss of adhesion of the topcoat are clearly visible.

Fig. 85.2

50x magnification of the damaged area. At this magnification ratio, the aluminium pigments left over from the basecoat become visible on the green filler.

Fig. 85.3

10x magnification of the area lacking adhesion. The clearcoat and most of the basecoat no longer adhere to the filler. At the edge of the damaged area, the clearcoat is very uneven.

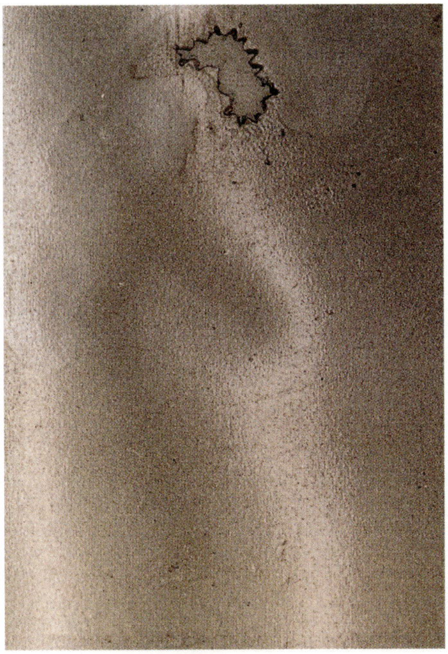

Bild 85.1 Originalgröße

Bild 85.2 Vergrößerung ca. 10fach

Bild 85.3 Vergrößerung ca. 50fach

3

3.4 Ethanol

Ethanol wird u.a. als Frostschutzmittel in der Scheibenwaschanlage eingesetzt und unter dem Namen Spiritus in vergällter Form u.a. auch als Grillanzünder verwendet.

Wie auch bei den Benzinen tritt im Zusammenhang mit Ethanol bei kürzeren Einwirkzeiten auf der Lackoberfläche keine Schädigung auf.

Die auf der gegenüberliegenden Seite dargestellten Schäden treten nach 24 Stunden Einwirkzeit (z.B. mit Ethanol getränktem Lappen) auf.

Bild 87.1

Anquellung eines 1K-Decklacks nach dem Einwirken von Ethanol in Originalgröße.

Bild 87.2

Wie Bild 87.1, jedoch in einem 2-Schicht-Metallic mit 1K-Klarlack. Die Intensität der Queller ist bei dieser Probe nicht so stark wie im 1K-Decklack.

3.4 Ethanol

Ethanol is used e.g. as antifreezing compound in the window wiping system. In its denatured form called spirit of alcohol it is also used as a grill lighter.

Just like fuels, ethanol causes no damage if it is left on the paint surface for a short time only.

The damages shown on the right occur after a reaction time of 24 hours (e.g. cloth soaked in ethanol left on the vehicle).

Fig. 87.1

Swelling of a 1K topcoat after reacting with ethanol in original size.

Fig. 87.2

As fig. 87.1, but with a two-coat metallic with 1K clear. This sample has not swelled as much as the 1K topcoat.

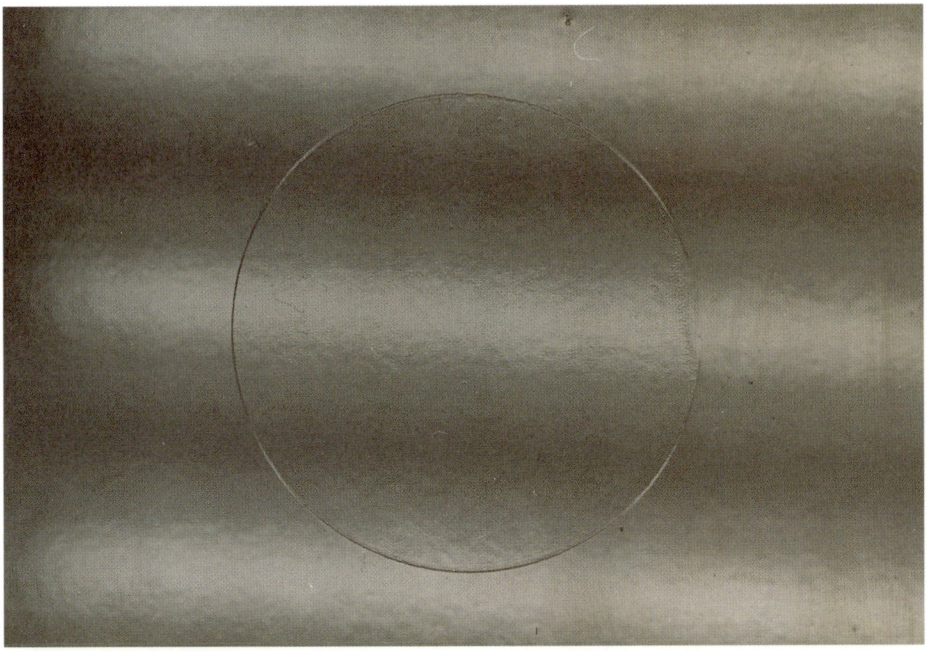

Bild 87.1 Originalgröße

Bild 87.2 Originalgröße

3.5 Getriebeöl

Aufgrund des geringen Dampfdrucks von Getriebeölen gegenüber Benzinen und Alkoholen ist die Gefahr einer Schädigung, hervorgerufen durch Getriebeöle, weitaus größer.

Die Öle trocknen nicht ab, so daß sie auch ohne ein anderes Medium länger auf die Decklackoberfläche einwirken können.

Bild 89.1

Darstellung einer Schädigung, hervorgerufen durch Getriebeöl, in Originalgröße. Durch die Reflexbeleuchtung ist die ehemalige Verteilung des Getriebeöls auf der Decklackoberfläche sehr gut zu erkennen. Überall dort, wo sich das Öl abgelagert hat, ist es zu Anquellungen in der Lackoberfläche gekommen.

Bild 89.2

15fache Vergrößerung der o.g. Schädigung, dargestellt unter Koaxialbeleuchtung. Auch hier sind die Verteilungsstrukturen des Getriebeöls in Form von Decklackquellern sichtbar.

Bild 89.3

60fache Vergrößerung der o.g. Schädigung, ebenfalls unter Koaxialbeleuchtung.

3.5 Gear lubricant oil

Due to the low steam pressure of gear lubricant oils compared to fuels and alcohols, the risk of a damage caused by gear lubricant oils is much higher.

The oils do not dry out, so that they can react with the topcoat surface even without another medium.

Fig. 89.1

Original-size reproduction of a damage caused by gear lubricant oil. The reflex illumination clearly shows the former distribution of the gear lubricant oil on the topcoat surface. Swellings in the paint surface occurred in all places where the oil had deposited.

Fig. 89.2

15x magnification of the a/m damage, reproduced under coaxial illumination. Here, too, the distribution patterns of the gear lubricant oil are quite obvious in the form of topcoat swellings.

Fig. 89.1

60x magnification of the a/m damage under coaxial illumination.

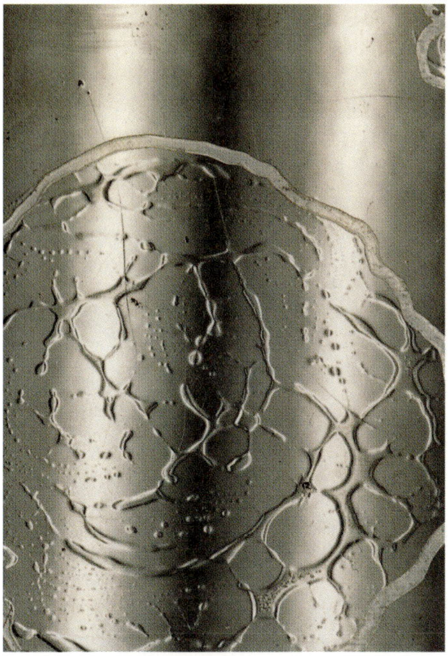

Bild 89.1 Originalgröße

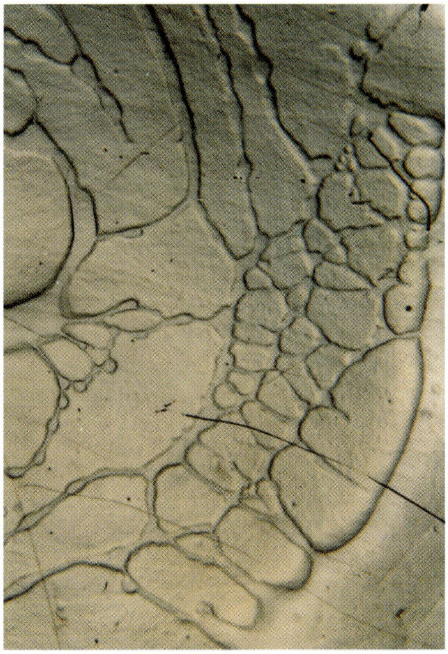

Bild 89.2 Vergrößerung ca. 15fach

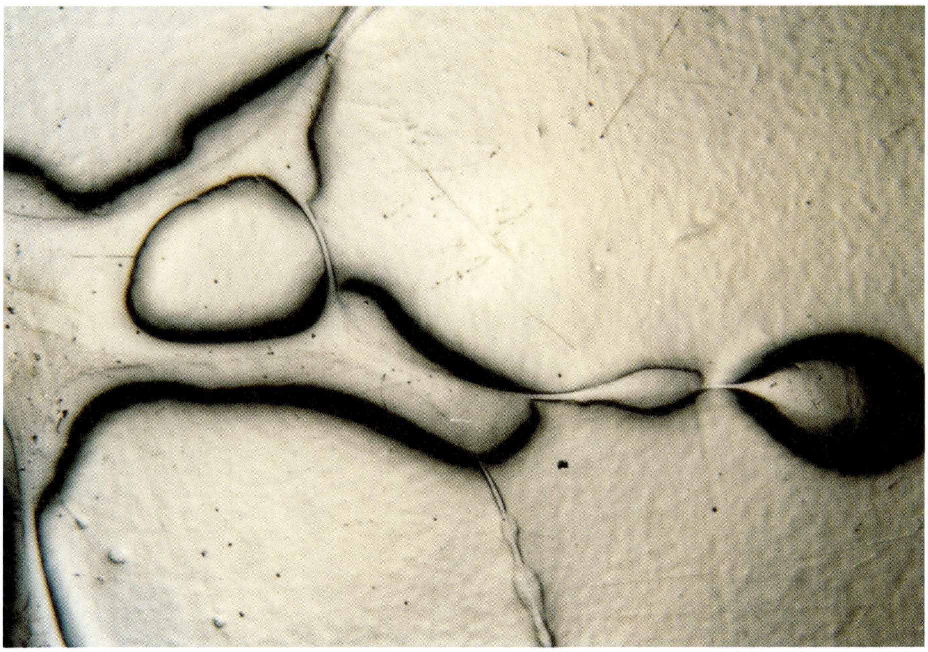

Bild 89.3 Vergrößerung ca. 60fach

3.6 Isopropanol

Isopropanol wird genauso wie Ethanol als Frostschutz für die Scheibenwaschanlage eingesetzt. Außerdem ist dieser Alkohol Bestandteil von Türschloß- und Scheibenenteisern.

Wie auch bei den Benzinen tritt durch Isopropanol bei kürzeren Einwirkzeiten auf der Lackoberfläche keine Schädigung auf.

Die auf der gegenüberliegenden Seite dargestellten Schäden treten nach 24 Stunden Einwirkzeit (z.B. mit Isopropanol getränktem Lappen) auf.

Bild 91.1

Anquellung eines 1K-Decklacks nach dem Einwirken von Isopropanol in Originalgröße.

Bild 91.2

Wie Bild 91.1, jedoch in einem 2-Schicht-Metallic mit 1K-Klarlack. Die Intensität der Queller ist bei beiden Proben in etwa identisch.

3.6 Isopropanol

Just like ethanol, isopropanol is used as an antifreezing compound for the window wiping system. Moreover, this alcohol is used in door lock and window defrosting agents.

Just like fuels, isopropanol causes no damage if it is left on the paint surface for a short time only.

The damages shown on the right occur after a reaction time of 24 hours (e.g. cloth soaked in isopropanol left on the vehicle).

Fig. 91.1

Swelling of a 1K topcoat after reacting with isopropanol in original size.

Fig. 91.2

As fig. 91.1 but with a two-coat metallic with 1K clear. Both samples show equally strong swellings.

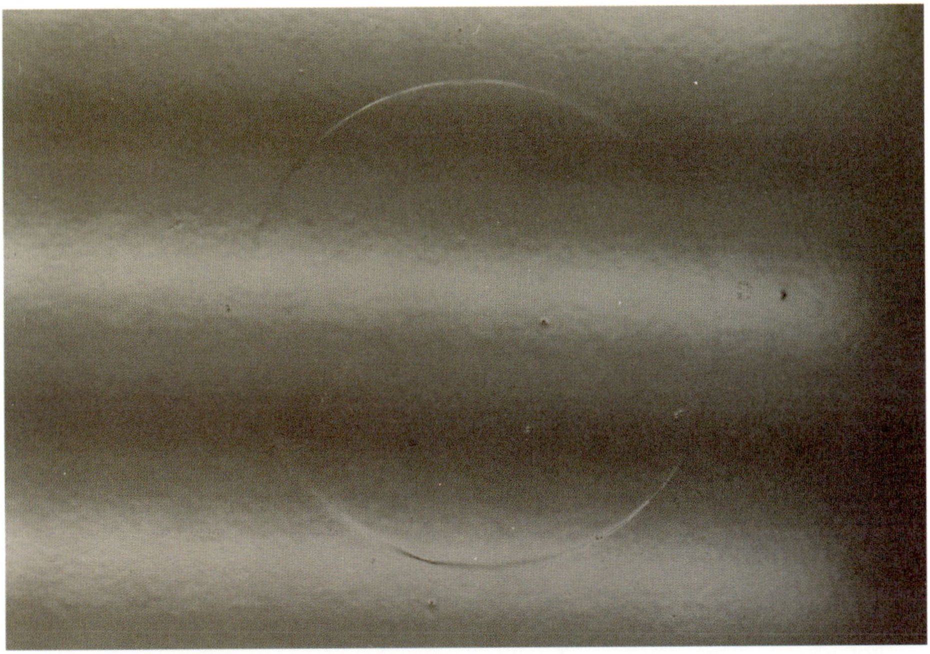

Bild 91.1 Originalgröße

Bild 91.2 Originalgröße

3.7 Kaltreiniger

Auch der Einsatz von Kaltreiniger kann unter bestimmten Voraussetzungen zu Lackschädigungen führen.

Die auf der gegenüberliegenden Seite dargestellten Schäden entstanden nach einer 24stündigen Einwirkzeit in einem 1K-Uni-Decklack.

Bild 93.1

Schadensbild einer Kaltreinigeranquellung in Originalgröße. Weitere Schädigungen wie Farbtonveränderungen oder Vermattungen sind nicht zu erkennen.

Bild 93.2

15fache Vergrößerung der o.g. Störung. Zu erkennen ist hier eindeutig, daß keine Anätzung stattgefunden hat. Die Lackoberfläche weist auch im Schädigungsbereich ihre spezifische Struktur auf.

3.7 Cold-cleaning products

Under certain conditions, the use of cold-cleaning products may cause paint damages, too.

The damages shown on the right occurred after a reaction time of 24 hours in a 1K solid-coloured topcoat.

Fig. 93.1

Damage reproduction of a swelling caused by a cold-cleaning product. Other damages such as colour shade variations or matting are not obvious.

Fig. 93.2

15x magnification of the a/m damage. It is quite obvious that etching has not occurred. The paint surface continues to have its specific structure even in the damaged area.

Bild 93.1 Originalgröße

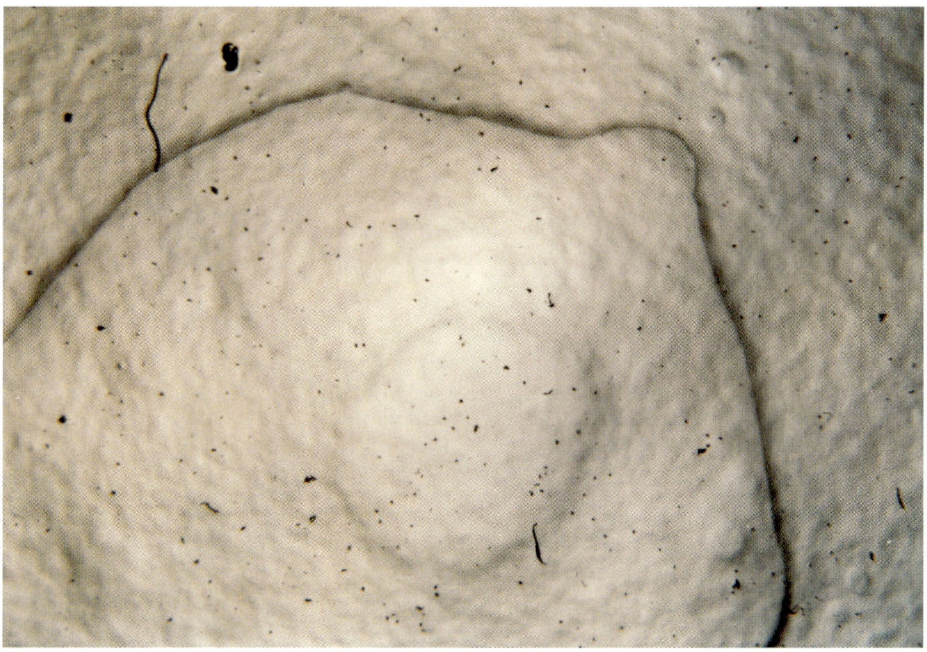

Bild 93.2 Vergrößerung ca. 15fach

3.8 Phosphorsäure

Phosphorsäure bzw. phosphorsäurehaltige Produkte (z.B. Rostumwandler etc.) dürfen in keiner Weise mit Lackoberflächen in Berührung kommen, da sie schon nach kurzer Zeit eine Schädigung der Lackoberfläche hervorrufen. Die Art der Schädigung kann von einer leichten Vermattung bis zur Zerstörung der Oberfläche reichen.

Bild 95.1

Darstellung einer Phosphorsäureanätzung in Originalgröße. Es sind matte Flecken auf der Lackoberfläche sichtbar. Außerdem ist es bei dieser Reflexbeleuchtung möglich, mit der partiellen Vermattung verbundene Anquellerscheinungen zu erkennen.

Bild 95.2

15fache Vergrößerung einer der o.g. Flecken. Es markieren sich im Bereich der Phosphorsäurekontaminationen starke Strukturen in der weißen Decklackoberfläche, die sich scharf von der übrigen Oberfläche abgrenzen.

Bild 95.3

60fache Vergrößerung eines Randbereiches mit Koaxialbeleuchtung. Deutlich sichtbar ist die strukturierte Anquellung der Lackschicht.

3.8 Phosphoric acid

Phosphoric acid and products containing phosphoric acid (e.g. rust converters, etc.) must by no means get into touch with paint surfaces because they damage the paint surface even after a short reaction time. The kind of damage may reach from light matting up to complete destruction of the surface.

Fig. 95.1

Original-size reproduction of etching caused by phosphoric acid. The paint surface is covered by matt stains. Partial matting coupled with swellings is visible using this reflex illumination, too.

Fig. 95.2

15x magnification of one of the a/m stains. In the areas of phosphoric acid contamination, structures differing strongly from the rest of the surface are quite obvious.

Fig. 95.3

60x magnification of an edge area under coaxial illumination. The structured swelling of the paint coat is clearly visible here.

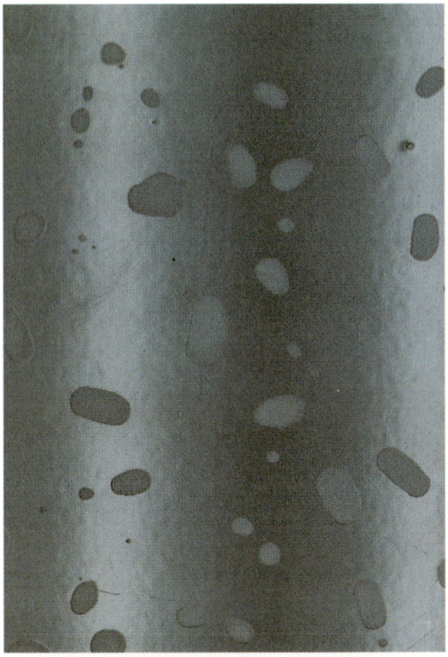

Bild 95.1 Originalgröße

Bild 95.2 Vergrößerung ca. 15fach

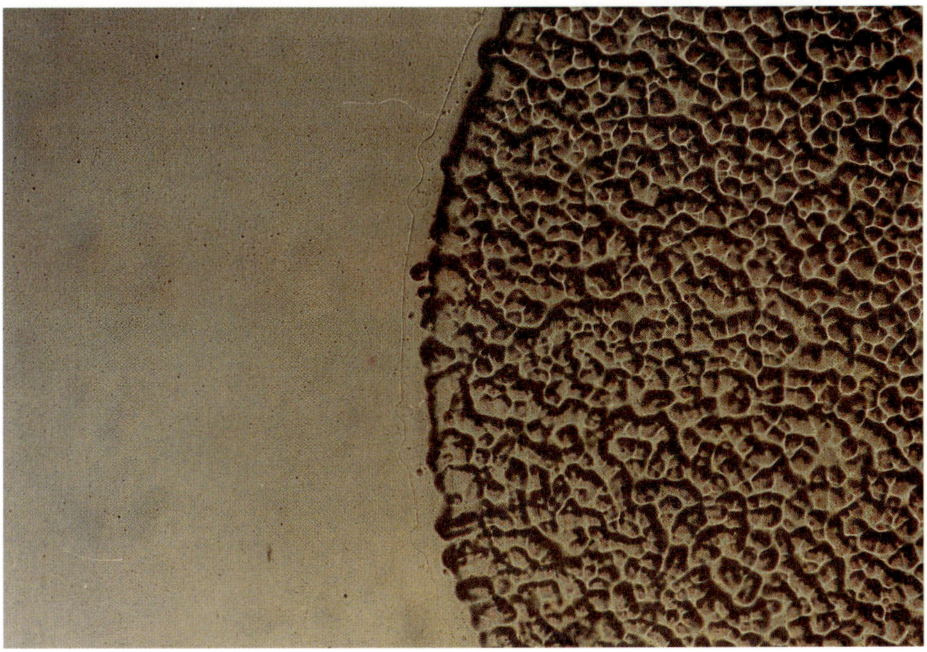

Bild 95.3 Vergrößerung ca. 60fach

3.9 Salpetersäure

Bei Schädigungen, hervorgerufen durch Salpetersäure, handelt es sich um Störungen, die in der Regel bis auf das Substrat reichen. Die Salpetersäure diffundiert durch die Beschichtung hindurch und zerstört die einzelnen Lackschichten und eventuell auch das Substrat. Die Art der Schadensbilder ist in diesem Fall sehr stark abhängig von der Einwirkzeit, der Temperatur und der Qualität der Beschichtung. Aus diesem Grund werden auf den nächsten Seiten unterschiedliche Erscheinungsbilder gezeigt. Bei allen Beispielen betrug die Einwirkzeit der Salpetersäure (ca. 10%ig) ca. 24 Stunden.

Bild 97.1

Schädigung in einem weißen 1K-Uni-Decklack in Originalgröße und bei normaler Beleuchtung. Sichtbar sind eine Vielzahl von teilweise wieder eingefallene Blasen (keine Farbtonveränderungen).

Bild 97.2

Wie Bild 97.1 mit Reflexbeleuchtung.

Bild 97.3

10fache Vergrößerung einer Blase.

Bild 97.4

Gleiche Blase wie Bild 97.3. Hier wurde jedoch der Blasendeckel mit einem Skalpell vom Blasenboden abgetrennt und umgelegt. Zu erkennen ist in der Blase eine rostähnliche Substanz, die durch eine Reaktion zwischen Salpetersäure und Eisenblech entstanden ist.

3.9 Nitric acid

Damages caused by nitric acid usually reach down to the substrate. The nitric acid diffuses through the coating and destroys the individual paint coats and in some cases the substrate, too. The actual damage caused by nitric acid depends largely on the reaction time, temperature and quality of the paint coat. Therefore we show various damage manifestations on the following pages. In all cases, the nitric acid (approx. 10%) was allowed to react for approx. 24 hours.

Fig. 97.1

Damage in a white 1K solid-coloured topcoat in original size and under normal illumination. A large number of blisters, some of which have sunken, is visible here (no colour shade variations).

Fig. 97.2

As fig. 93.1 under reflex illumination.

Fig. 97.3

10x magnification of a blister.

Fig. 97.4

The same blister as in fig. 97.3. Here, the blister lid was separated with a scalpel from the blister bottom and turned. What we see in the blister is a rust-like substance caused by the reaction of nitric acid and sheet steel.

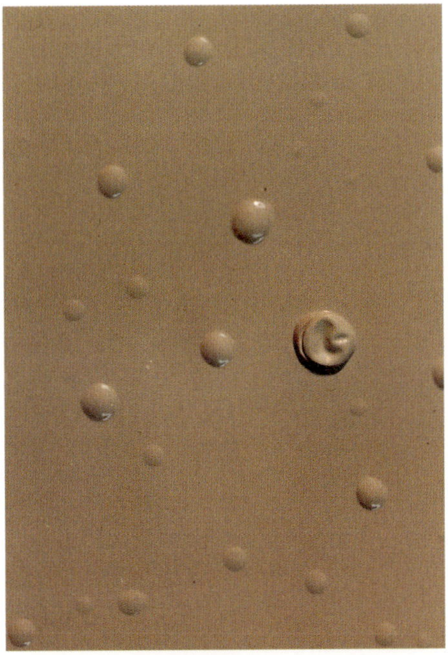

Bild 97.1 Originalgröße

Bild 97.2 Originalgröße

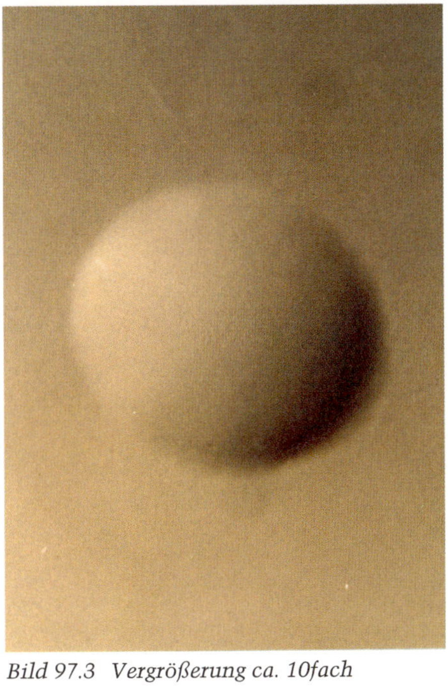

Bild 97.3 Vergrößerung ca. 10fach

Bild 97.4 Vergrößerung ca. 50fach

3

Auf der gegenüberliegenden Seite sind Schädigungen in einem weißen 2K-Decklack dargestellt. Diese Schädigungen entstanden unter den gleichen Bedingungen wie die auf der vorherigen Seite.

Bild 99.1

Schädigung in Originalgröße bei normaler Beleuchtung. Zu sehen sind Blasen im Decklack, verbunden mit einer leichten Gelbfärbung im Blasenbereich.

Bild 99.2

Wie Bild 99.1 jedoch mit Reflexbeleuchtung.

Bild 99.3

10fache Vergrößerung zweier Blasen. Im näheren Umfeld der großen Blasen sind weitere kleinere Bläschen zu beobachten.

Bild 99.4

Hier wurde eine Blase mit einem Skalpell aufgeschnitten. Die Blasenbildung ist zwischen Substrat und Grundierung erfolgt. Das Substrat erscheint im Gegensatz zum Beispiel auf der vorigen Bildseite nicht weiter angegriffen, es sind lediglich leichte Anätzungen an der Substratoberfläche zu erkennen Außerdem hat sich in der Blase, zwischen Substrat und Grundierung, eine Flüssigkeit angesammelt.

Damages in a white 2K topcoat are shown on the right. These damages occurred under the same conditions as those described on page 92.

Fig. 99.1

Damage under normal illumination in original size. We see blisters in the topcoat coupled with a light yellowish colouring in the blister area.

Fig. 99.2

As fig. 99.1 but under reflex illumination.

Fig. 99.3

10x magnification of two blisters. The big blisters are surrounded by smaller blisters.

Fig. 99.4

Here a blister was cut open with a scalpel. The blisters have formed between the substrate and the primer. In contrast to the sample shown on page 97, the substrate shows no further damage, there are only light etchings on the substrate surface. In the blister between the substrate and the primer, a liquid has built up.

Bild 99.1 Originalgröße

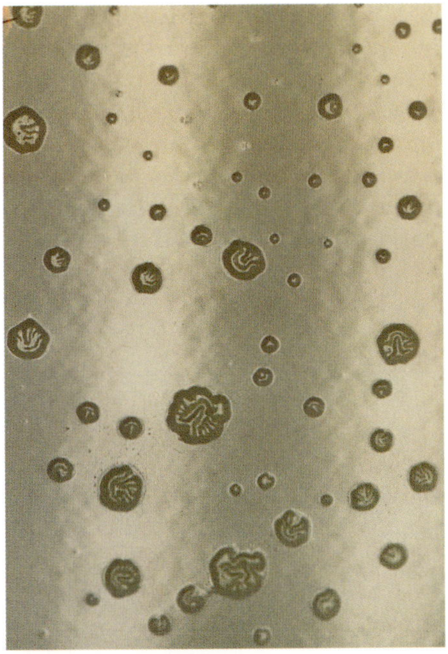

Bild 99.2 Originalgröße

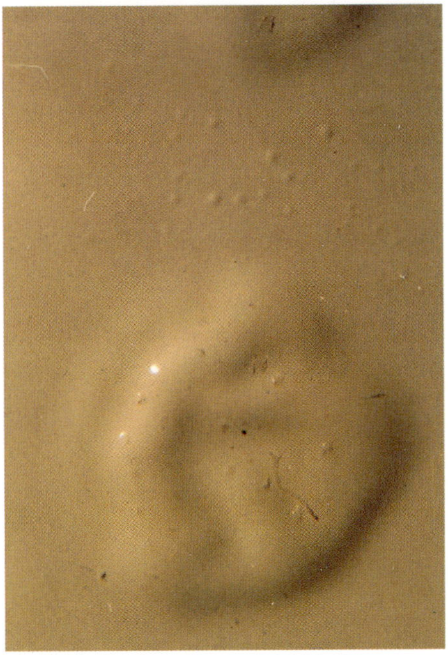

Bild 99.3 Vergrößerung ca. 10fach

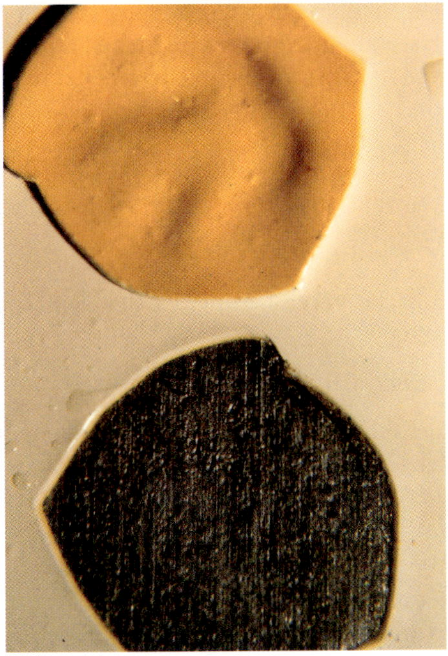

Bild 99.4 Vergrößerung ca. 10fach

Auf der gegenüberliegenden Seite werden Salpetersäureschäden in einem 2-Schicht-Metallic (mit 1K-Klarlack) dargestellt. Symptomatisch für dieses Störungsbild sind die Anlöse- bzw. Auflösungserscheinungen der Aluminiumpigmente und die schon von den Uni-Lacken bekannten Blasenbildungen zwischen Grundierung und Substrat.

Bild 101.1

Aufsicht einer Schädigung in Originalgröße. Eindeutig sichtbar sind helle Flecken in der Metallicoberfläche, verbunden mit Blasenbildung. Diese Flecken entstehen durch die Auflösung der Aluminiumteilchen und das daraus resultierende Durchschimmern des Füllers. Da reine Silberfarbtöne in der Regel nur aus Bindemitteln und Aluminiumpigment bestehen, wirkt der Basislack nach dem Auflösen der Aluteilchen wie ein Klarlack. Das Erscheinungsbild der Flecken ist daher maßgeblich abhängig von dem Basislack- und dem Füllerfarbton.

Bild 101.2

Wie Bild 101.1, mit Reflexbeleuchtung.

Bild 101.3

10fache Vergrößerung der o .g. Schädigung.

Bild 101.4

Bei dieser 50fachen Vergrößerung sind im Schadensbereich nur noch vereinzelte Aluminiumpigmente sichtbar.

The right page shows damages caused by nitric acid in a two-coat metallic (with 1K clear). The partial and complete dissolution of aluminium pigments and the blisters forming between primer and substrate we have already found on solid-coloured paints are symptomatic of this kind of damage.

Fig.101.1

Top view of a damage in original size. Light stains in the metallic surface coupled with blister formation are clearly visible. These stains are caused by the dissolution of aluminium particles and the filler shining through. As pure silver colour shades usually contain only binding agents and aluminium pigments, the basecoat looks like a clearcoat after the aluminium particles have dissolved.

Therefore the appearance of the stains largely depends on the colour shade of the basecoat and the filler.

Fig. 101.2

As figure 101.1 under reflex illumination.

Fig. 101.3

10x magnification of the a/m damage.

Fig. 101.4

This 50x magnification shows that in the damaged area only some aluminium particles are left.

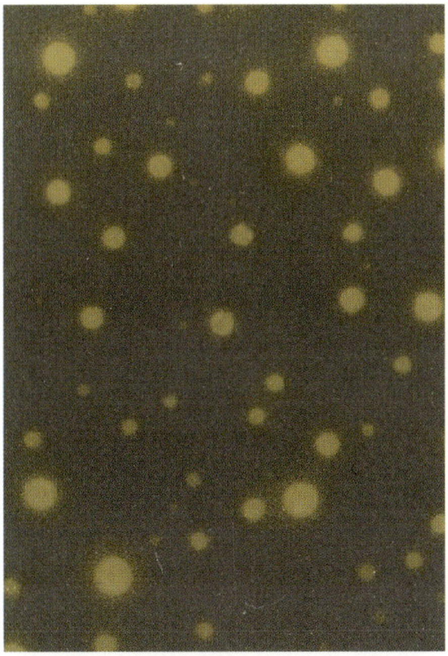

Bild 101.1 Originalgröße

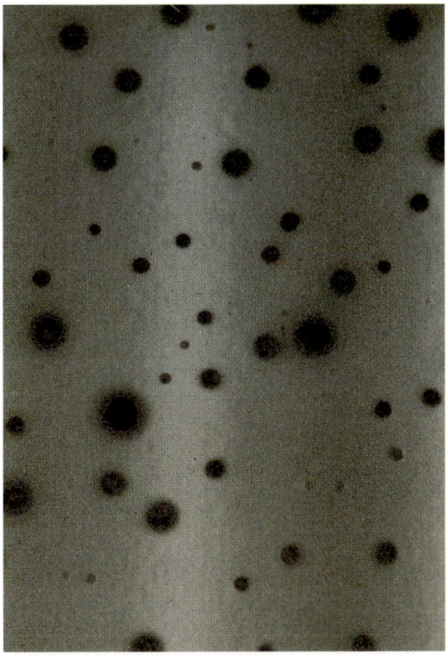

Bild 101.2 Originalgröße

Bild 101.3 Vergrößerung ca. 10fach

Bild 101.4 Vergrößerung ca. 50fach

2-Schicht-Metallics mit einem 1K-Klarlack werden durch Salpetersäure genauso geschädigt, wie auf den vorhergehenden Seiten beschrieben. Wenn ein 2K-Klarlack zum Einsatz gekommen ist, wird der Schädigungsprozeß jedoch verlangsamt, d.h. die Salpetersäure benötigt mehr Zeit, um in den Lackfilm einzudringen und eine entsprechende Schädigung hervorzurufen. Die auf der gegenüberliegenden Seite gezeigten Schädigungen entstanden unter den gleichen Gegebenheiten wie die auf den vorhergehenden Seiten.

Bild 103.1

Darstellung einer Schädigung in Originalgröße bei normaler Beleuchtung. Zu erkennen sind gelbliche Blasen in der Lackschicht.

Bild 103.2

Wie Bild 103.1, jedoch bei Reflexbeleuchtung. Die Unterschiede in den Helligkeiten der Schädigungen weisen auf unterschiedliche Schädigungsausmaße hin.

Bild 103.3

Darstellung einer Schädigung bei 10facher Vergrößerung. Deutlich sichtbar ist die blasenartige Form und das Durchschimmern des Füllers, hervorgerufen durch das Auflösen der Aluflakes.

Bild 103.4

50fache Vergrößerung einer Blase. Es sind noch eine Vielzahl von Aluminiumpigmenten sichtbar. Hier ist der Auflösungsprozeß, verursacht durch die Salpetersäure, noch nicht abgeschlossen.

Two-coat metallics covered with a 1K clearcoat are damaged by nitric acid just as described on the previous pages. If a 2K clear was used, however, the damage process is slowed down, i.e. the nitric acid needs more time to reach down to the paint film and cause similar damage. The damages shown on the right occurred under the same conditions as those described on the previous pages.

Fig. 103.1

Reproduction of a damage in original size and under normal illumination. Yellowish blisters in the paint coat are quite obvious here.

Fig. 103.2

As fig. 103.1 under reflex illumination. The differences in the brightness of the damages indicate different degrees of damage.

Fig. 103.3

Reproduction of a damage magnified 10x. Caused by the dissolution of the aluminium flakes, blisters have started to form and the filler shines through.

Fig. 103.4

50x magnification of a blister. A large number of aluminium pigments is still visible. The process of dissolution caused by nitric acid has not been finished yet.

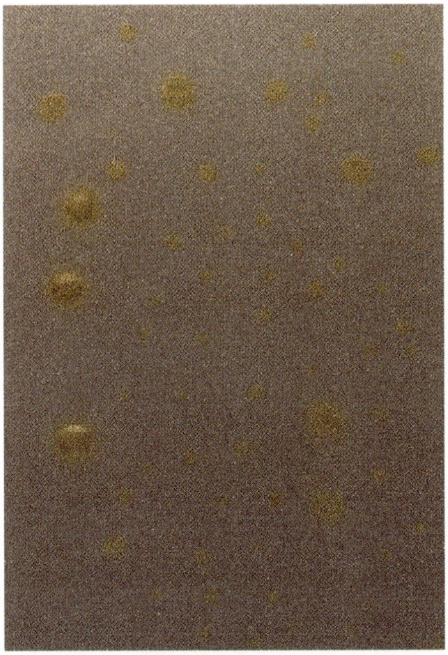

Bild 103.1 Originalgröße

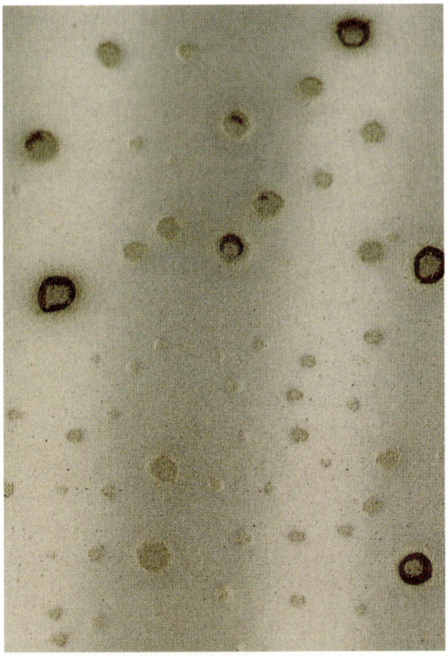

Bild 103.2 Originalgröße

Bild 103.3 Vergrößerung ca. 10fach

Bild 103.4 Vergrößerung ca. 50fach

3.10 Salzsäure

Schädigungen, hervorgerufen durch Salzsäure, weisen im 2-Schicht-Metallic grundsätzlich das gleiche Erscheinungsbild auf wie Schädigungen durch Salpetersäure jedoch mit geringerer Intensität und ohne Blasenbildung zwischen Grundierung und Substrat. Auch hier diffundiert die Salzsäure durch den Klarlack. Sie löst die Aluminiumpigmente unter Wasserstoffabspaltung und daraus resultierender Blasenbildung zwischen Füller und Klarlack auf.

Bild 105.1

Darstellung einer Salzsäureanätzung (ca. 10%ige HCL) in Originalgröße bei normaler Beleuchtung. Sichtbar sind helle Flecken, da der Füller durch den teilweise aufgelösten Basislack durchschimmert. Auch hier ist das Erscheinungsbild der Flecken abhängig von der Farbe des Basislacks bzw. des Füllers.

Bild 105.2

Wie Bild 105.1, jedoch mit Reflexbeleuchtung. Sehr gut sichtbar ist bei dieser Beleuchtung die Vermattung im Schädigungsbereich, die sich aufgrund der schlechten Reflexion in Form von schwarzen Flecken zeigt.

Bild 105.3

50fache Vergrößerung des Randbereiches einer Schädigung. Im Schadensbereich ist aufgrund des Auflösens der Alupigmente der Füller sichtbar.

3.10 Hydrochloric acid

In a two-coat metallic, damages caused by hydrochloric acid look just like damages caused by nitric acid. However, the damages are much less severe and lack blister formation between primer and substrate. Here, too, the hydrochloric acid diffuses through the clear. Separating hydrogen, it dissolves the aluminium pigments, and blisters start to form between filler and clearcoat.

Fig. 105.1

Original-size reproduction of etching caused by hydrochloric acid under normal illumination. The filler shining through the partly dissolved basecoat causes light stains. Here, too, the appearance of the stains depends on the colour of the basecoat and the filler.

Fig. 105.2

As fig. 105.1 under reflex illumination. The matting in the damaged area, which looks like black stains due to the poor reflexion, is quite obvious in this kind of light.

Fig. 105.3

50x magnification of the edge area of the damage. Due to the dissolution of the aluminium pigments, the filler shines through in the damaged area.

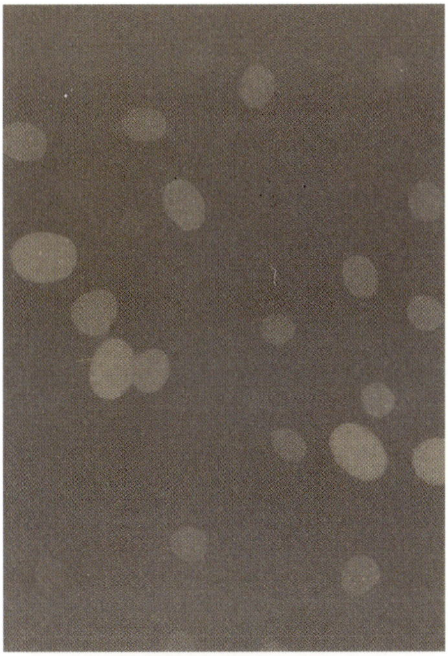

Bild 105.1 Originalgröße

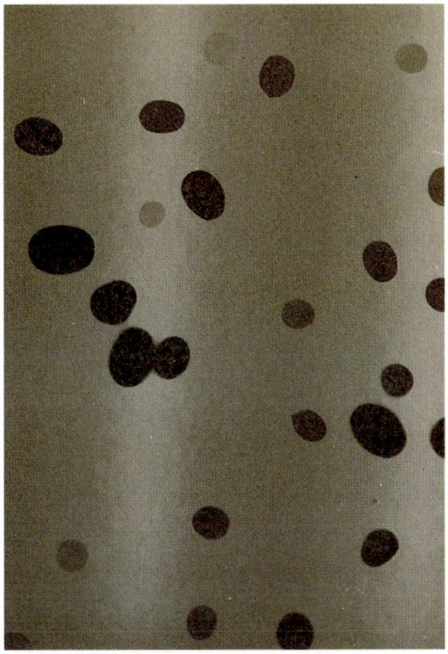

Bild 105.2 Originalgröße

Bild 105.3 Vergrößerung ca. 50fach

Die Schädigung in einem Uni-Decklack unterscheidet sich erheblich von den Schädigungen im 2-Schicht-Metallic. Da hier keine Aluminiumpigmente eingesetzt werden, ist auch keine Blasenbildung zu erkennen. Es markieren sich lediglich Flecken auf der Decklackoberfläche, die sowohl durch Veränderungen der Bindemittel als auch durch spezifische Reaktionen der Salzsäure mit den Pigmenten verursacht werden können.

Bild 107.1 und Bild 107.2

Darstellung von Salzsäureanätzungen in einem weißen Uni-Decklack in Originalgröße und Streiflicht. Zu erkennen sind Flecken, verbunden mit einer leichten Verfärbung und einer leichten Vermattung.

Bild 107.3

15fache Vergrößerung eines Fleckens unter Koaxialbeleuchtung. Deutlich sichtbar wird der Fleckenrand, der durch die Anätzung verursacht wurde. Die Oberflächenstruktur im Störungszentrum ist identisch mit der eines ungeschädigten Bereiches.

In diesem Zusammenhang muß darauf hingewiesen werden, daß Säuren ein unterschiedliches Abdünstungsverhalten haben. Säuren wie Schwefelsäure und Salpetersäure konzentrieren sich beim Abdunsten stark auf (nur das Wasser verdunstet), Ameisensäure und Essigsäure dunsten normal ab und verändern nicht ihre Konzentration.

Salzsäure hingegen konzentriert sich nur bis maximal 20% auf.

The damage to a solid-coloured topcoat is quite different from damages to a two-coat metallic. As aluminium pigments are not used here, blisters do not occur. The patches appear only on the surface of the topcoat and may be due both changes in the binder and specific reactions between hydrochloric acid and the pigments.

Fig. 107.1 and 107.2

Reproduction of etching caused by hydrochloric acid in a white solid-coloured topcoat in original size and under oblique illumination. The stains coupled with light colour variations and matting are quite obvious here.

Fig. 107.3

15x magnification of a stain using coaxial illumination. The stain edge caused by etching is clearly visible here. The surface structure in the centre of the damage is identical to one of an undamaged area.

It should be pointed out in this context that the acids must be divided into two distinct groups with regard to their evaporation characteristics. Such acids as sulphuric acid and nitric acid become more concentrated as they evaporate (only the water evaporates hydrochlorid acid max. 20%), while formic acid and acetic acid evaporate normally without changing their concentration.

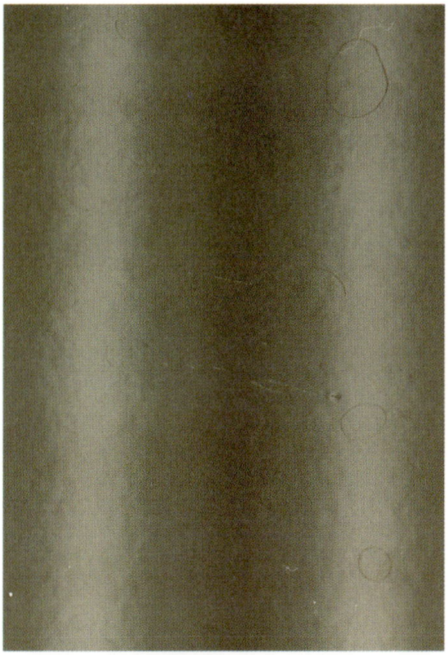

Bild 107.1 Originalgröße

Bild 107.2 Originalgröße

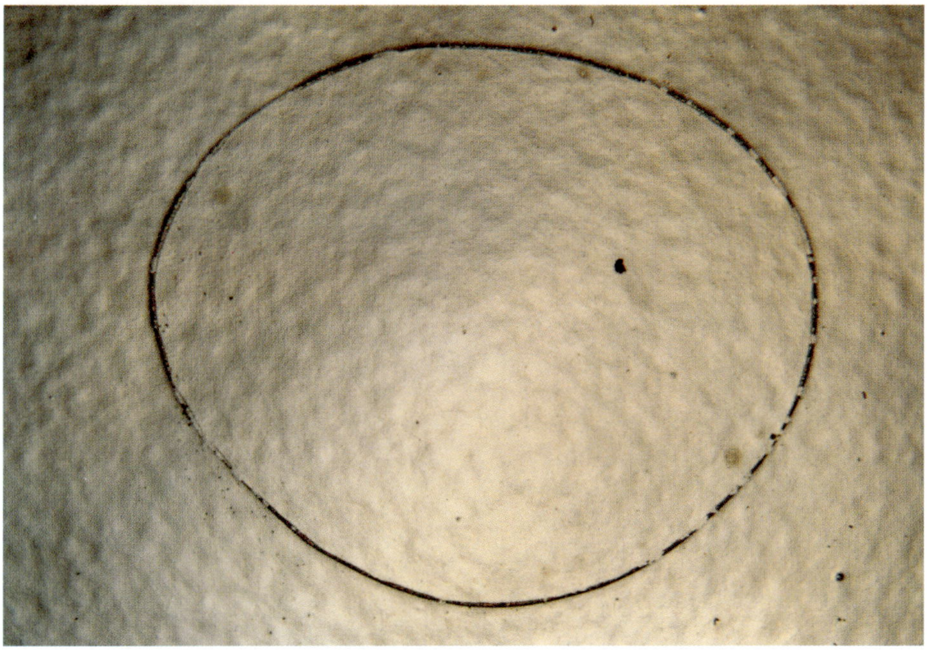

Bild 107.3 Vergrößerung ca. 15fach

3.11 Saurer Regen

Überwiegend in den Industrieregionen treten immer häufiger Schäden durch Sauren Regen auf. Dieser Saure Regen entsteht durch die Verbindung des normalen Regenwassers mit der durch Industrieabgase verseuchten Luft. Die wassertropfenförmige Schädigung ist in der Regel oberflächlich und mit entsprechenden Poliermitteln zu entfernen. Bei tieferen Schädigungen muß der Lack mit gröberen Materialien abgetragen und neu lackiert werden.

Bild 109.1 und Bild 109.2

Darstellung in Originalgröße von Anätzungen, verursacht durch Sauren Regen, in einem Uni-Decklack mit Reflexbeleuchtung. Zu erkennen sind dunkle Flecken und Kränze auf der Decklackoberfläche.

Bild 109.3

15fache Vergrößerung einer dieser Kränze unter Koaxialbeleuchtung. Die Schädigung, d.h. das Anätzen und Abtragen der Lackoberfläche, findet hauptsächlich an den Fleckenrändern statt. Daraus resultieren auch die sichtbaren Kränze.

Bild 110.1 bis Bild 110.2

Darstellung einer Schädigung bei verschiedenen Vergrößerungen. Das Schadensbild stammt von einem 2-Schicht-Metallic, der nach Einwirkung des Sauren Regens poliert wurde. Es ist eindeutig zu erkennen, daß die Klarlackoberfläche terrassenförmig zerstört wurde. Die Schädigungstiefe beträgt hier ca. 5 μm.

3.11 Acid rain

Damages caused by acid rain are becoming increasingly frequent in industrial regions. This acid rain is caused by the combination of normal rain water and the air polluted by industrial emissions. Usually, this superficial drop-shaped damage can be removed by suitable polishing agents. In the case of more severe damages, the paint has to be removed with coarse materials and then resprayed.

Fig. 109.1 and 109.2

Original-size reproduction of etching caused by acid rain in a solid-colour topcoat under reflex illumination. Dark stains and circles on the topcoat surface are clearly visible.

Fig. 109.3

15x magnification of one of these circles under coaxial illumination. The damage, i.e. etching and removal of the paint surface, occurs mainly at the stain edges. The visible circles are a result of this damage, too.

Fig. 110.1 to fig. 110.2

Reproduction of a damaged area at various magnification ratios. In this case, a two-coat metallic polished after reaction of acid rain was photographed. Quite obviously, the clearcoat surface has been destroyed in a terrace-like way. The damage is approx. 5 μm deep.

Bild 109.1 Originalgröße

Bild 109.2 Originalgröße

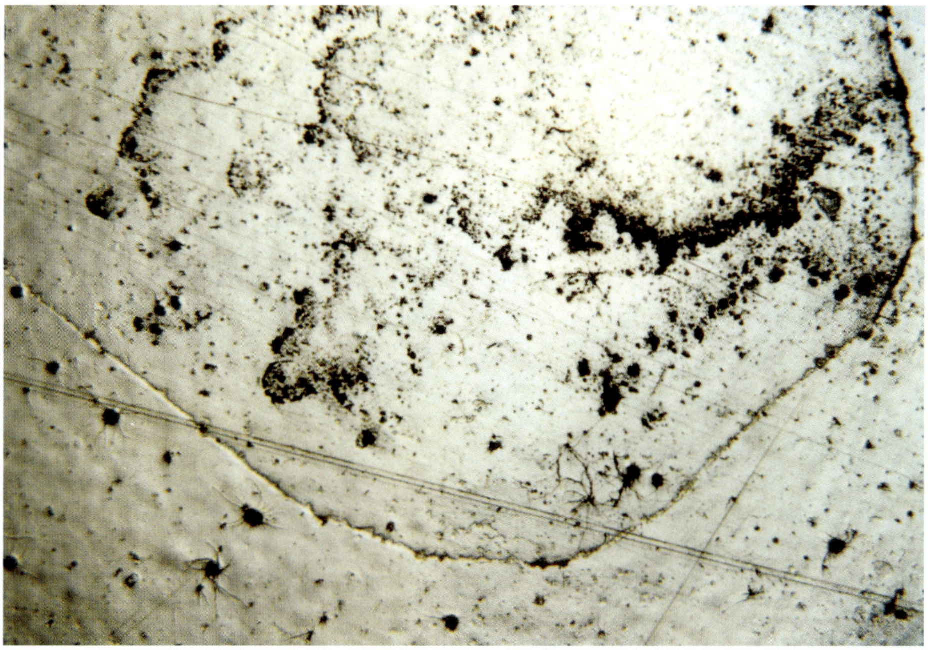

Bild 109.3 Vergrößerung ca. 15fach

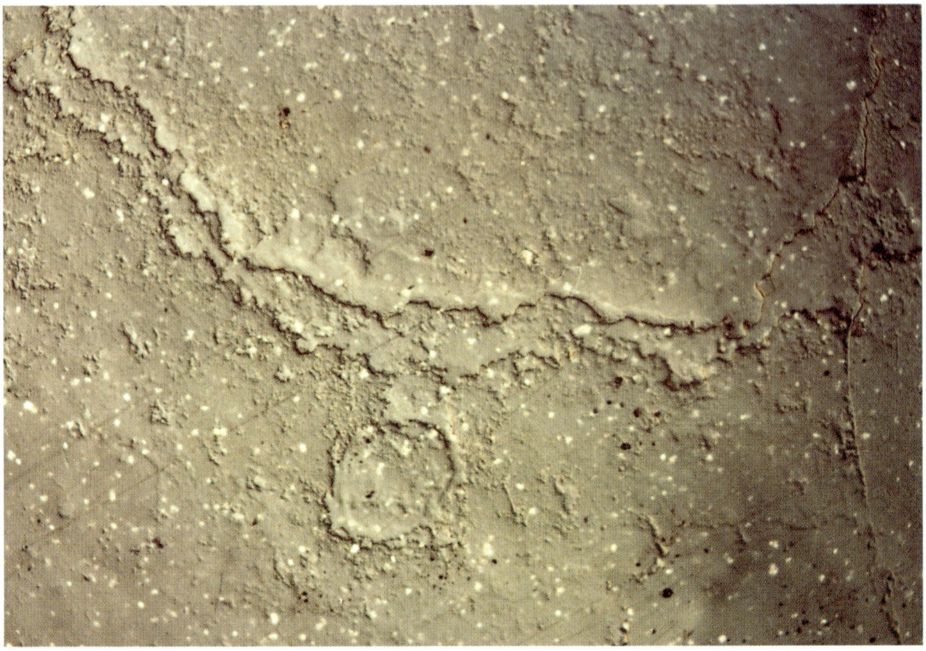

Bild 110.1 Vergrößerung ca. 30fach

Bild 110.2 Vergrößerung ca. 60fach

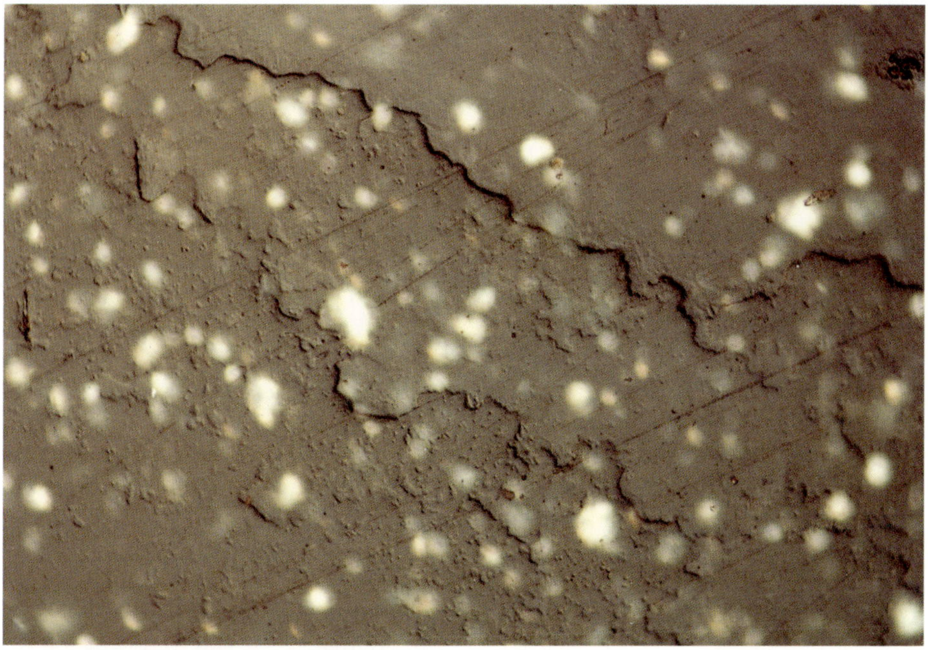

Bild 111.1 Vergrößerung ca. 125fach

Bild 111.2 Vergrößerung ca. 320fach

3.12 Schwefelsäure

Schwefelsäure kommt in Form von Batteriesäure bei fast allen Fahrzeugen zum Einsatz. Außerdem ist es auch in der Vergangenheit des öfteren in Industriegebieten zu massiven Schwefelsäure-Emissionen gekommen. Schäden, hervorgerufen durch Schwefelsäure, haben eine Vielzahl von Erscheinungsbildern. Sie reichen von leichten Anquellungen über Farbtonveränderungen (Reaktionen mit den Pigmenten) bis hin zur Zerstörung der gesamten Lackschicht. Das Erscheinungsbild ist maßgeblich abhängig von der Qualität und dem Farbton des eingesetzten Lacks. Die Beispiele auf den nächsten Seiten geben einen repräsentativen Querschnitt der Erscheinungsbilder wieder.

Bild 113.1

Punktförmige Anätzung eines 2-Schicht-Silber in Originalgröße. Erkennbar sind gelbe Flecken im Klarlack.

Bild 113.2

Wie Bild 113.1, jedoch mit Reflexbeleuchtung. Die Schwärzung der Flecken weist darauf hin, daß sich in diesen Bereichen die Klarlackoberfläche strukturell verändert hat.

Bild 113.3 und Bild 113.4

40fache Vergrößerung der o.g. Flecken mit Koaxialbeleuchtung bzw. Schräglicht. Sichtbar ist eine kreisrunde Struktur mit leichter gelblicher Färbung. Am Rand der Störung zeigt sich ein Klarlackriß. Eine Schädigung des Basislacks liegt allem Anschein nach nicht vor.

3.12 Sulphuric acid

In the form of battery acid, sulphuric acid is used in almost all vehicles. In the past, massive emissions of sulphuric acids have occurred fairly frequently in industrial areas, too. Damages caused by sulphuric acids occur in various forms reaching from light swelling through colour shade variations (reaction with pigments) to the destruction of the complete paint coat. The individual damage manifestation depends largely on the quality and colour shade of the paint used. The examples shown on the next pages are a representative cross-section of these damages.

Fig. 113.1

Dot-shaped etching of a two-coat silver in original size. Yellow stains in the clearcoat are obvious.

Fig. 113.2

As fig. 113.1 under reflex illumination. The blackened stains indicate that the structure of the clearcoat surface has changed in these areas.

Fig. 113.3 and 113.4

40x magnification of the a/m stains under coaxial illumination and oblique illumination, respectively. We see a circular structure that has turned slightly yellowish. At the edge of the damage, there is a crack in the clear. It seems as though the basecoat has not been damaged.

Bild 113.1 Originalgröße

Bild 113.2 Originalgröße

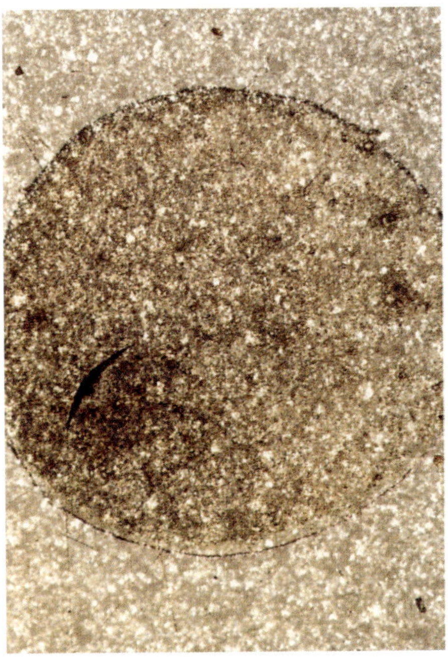

Bild 113.3 Vergrößerung ca. 40fach

Bild 113.4 Vergrößerung ca. 40fach

Ein weiteres Erscheinungsbild der Schwefelsäureanätzung beschreiben die Aufnahmen auf der gegenüberliegenden Seite. Hierbei handelt es sich um stecknadelkopfgroße schwarze Pünktchen in einem 2-Schicht-Silber.

Bild 115.1

Darstellung der Schädigung in Originalgröße bei normaler Beleuchtung. Gut zu erkennen sind die schwarzen Punkte in der Lackschicht.

Bild 115.2

Darstellung der o.g. Störung bei 15facher Vergrößerung und Koaxialbeleuchtung. Es markieren sich schwarze Punkte im Lack, um die sich ein etwas hellerer Hof gebildet hat.

Bild 115.3

Darstellung einer Schädigung bei 40facher Vergrößerung und Schräglicht. Bei dieser Vergrößerung wird die Ursache der Schwärzung deutlich. Die Aluminiumpartikel haben sich im Zentrum der Störung aufgelöst, und der Basislack erscheint daher schwarz.

Bild 115.4

Die Koaxialbeleuchtung macht bei gleicher Vergrößerung die Zerstörung des Klarlacks sichtbar.

Another example of etching caused by sulphuric acid is shown on the reproductions on the right page. Here we see pinhead-sized black dots in a two-coat silver.

Fig. 115.1

Reproduction of a damage in original size and under normal illumination. The black dots in the paint coat are clearly visible.

Fig. 115.2

Reproduction of the a/m damage magnified 15x and under coaxial illumination. There are black dots in the paint surrounded by a slightly lighter corona.

Fig. 115.3

Reproduction of a damage magnified 40x using oblique illumination. This magnification ratio clearly shows the cause of the blackening. In the centre of the damage, the aluminium particles have dissolved making the basecoat appear black.

Fig. 115.4

At the same magnification ratio, the coaxial illumination shows the destruction of the clear.

Bild 115.1 Originalgröße

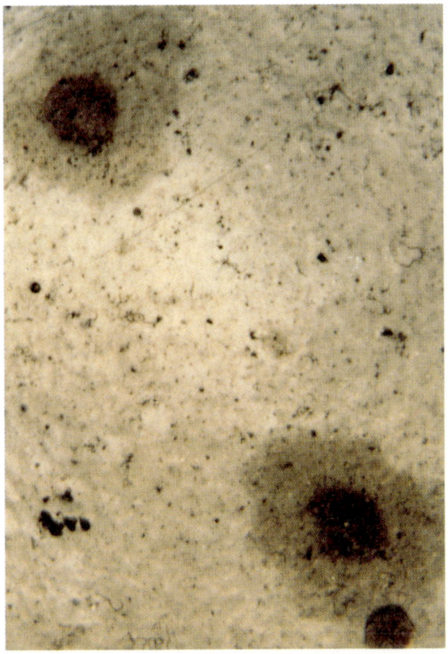

Bild 115.2 Vergrößerung ca. 15fach

Bild 115.3 Vergrößerung ca. 40fach

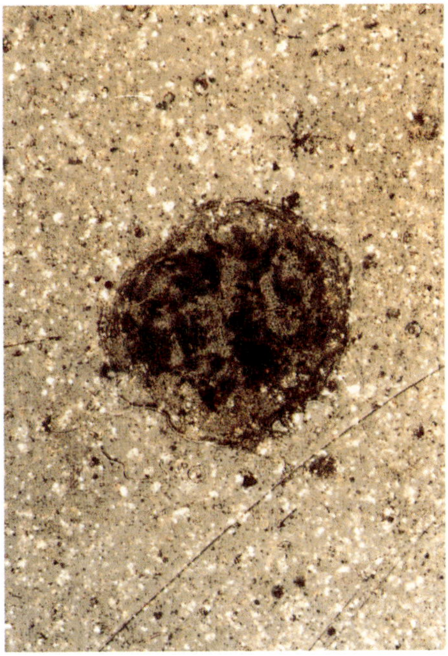

Bild 115.4 Vergrößerung ca. 40fach

Auf den nächsten Seiten werden extreme Störungen, hervorgerufen durch Schwefelsäure, in einem 2-Schicht-Metallic gezeigt.

Bild 117.1

Darstellung einer Schwefelsäureanätzung in Originalgröße und bei normaler Beleuchtung. Sichtbar ist eine massive Zerstörung der kompletten Lackschicht, verbunden mit der Bildung von braunen Rändern und grünen Flecken. Bei den beigen Flecken handelt es sich um freigelegten Füller.

Bild 117.2

Wie Bild 117.1, jedoch bei Reflexbeleuchtung. Auch bei dieser Beleuchtung ist die starke Schädigung der Beschichtung zu erkennen.

Bild 117.3

Bei der 10fachen Vergrößerung wird das Ausmaß der Schädigung besonders deutlich. Der Klarlack hat sich vollständig abgelöst. Im Randbereich der Störung hat sich der Klarlack braun verfärbt.

Der Basislack hat dort, wo er noch vorhanden ist, eine grüne Farbe angenommen. Teilweise liegt der Füller frei und weist bereits Risse auf.

The next page shows extreme damages caused by sulphuric acid in a two-coat metallic.

Fig. 117.1

Reproduction of etching caused by sulphuric acid in original size under normal illumination. The massive destruction of the complete paint coat coupled with the formation of brown edges and green stains is visible here. The beige stains are caused by filler shining through.

Fig. 117.2

As fig. 117.1 under reflex illumination. The severe damage to the coating is obvious under this illumination, too.

Fig. 117.3

The 10x magnification makes the extent of the damage particularly obvious. The clear has dissolved completely. At the edge of the damage, the clear has turned brown. The remaining basecoat has turned green. In some areas, the filler has been uncovered and starts to show cracks.

Bild 117.1 Originalgröße

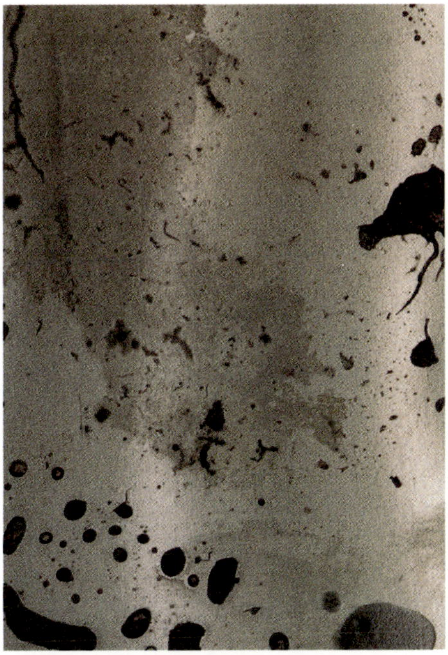

Bild 117.2 Originalgröße

3

Bild 117.3 Vergrößerung ca. 10fach

Auf der gegenüberliegenden Seite werden zusätzliche Ausschnittsvergrößerungen der Bilder 117.1 und 117.2 gezeigt.

Bild 119.1

40fache Vergrößerung einer ovalen Schädigung im Streiflicht. Auch hier hat sich der Klarlack vom Basislack abgelöst und ist an den Rändern braun gefärbt. Der im Zentrum freiliegende Basislack schimmert grünlich.

Bild 119.2

Wie Bild 119.1, jedoch bei Koaxialbeleuchtung.

Bild 119.3

50fache Vergrößerung eines Bereichs, in dem anscheinend nur der Klarlack geschädigt ist. Der Klarlack hat sich partiell von dem Basislack gelöst. In anderen Bereichen scheint er nur oberflächlich geschädigt zu sein.

Bild 119.4

Darstellung eines Bereichs, in dem die Schwefelsäure durch den bereits geschädigten Klarlack diffundiert ist und den Basislack grün eingefärbt hat. Der Klarlack ist noch vollständig vorhanden, weist jedoch an der Oberfläche eine starke Struktur auf, die sich optisch als Vermattung darstellt.

The right page shows additional detail magnifications of figures 117.1 and 117.2.

Fig. 119.1

40x magnification of an oval-shaped damage using oblique illumination. Here, too, the clearcoat has dissolved from the basecoat and turned brown at the edges. The uncovered basecoat in the centre has a tinge of green.

Fig. 119.2

As fig. 119.1 under coaxial illumination.

Fig. 119.3

50x magnification of an area in which only the clearcoat seems to have been damaged. Parts of the clearcoat have dissolved from the basecoat. In other areas, only the surface seems to have been damaged.

Fig. 119.4

Reproduction of an area where the sulphuric acid has diffused through the already demaged clear and turned the basecoat green. The clear is still complete, its surface shows a severe structure, however, which appears to be matt.

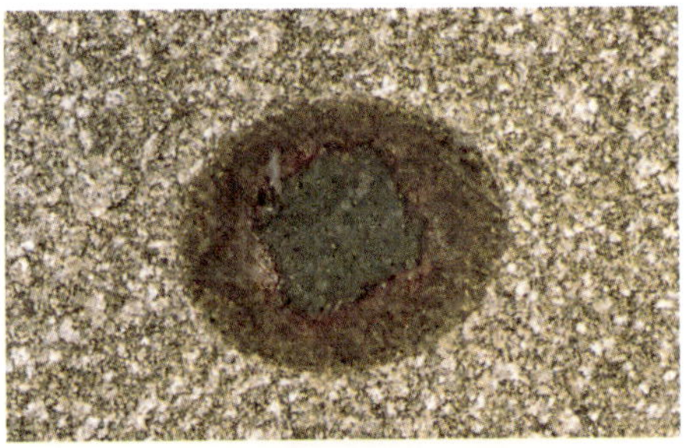

Bild 119.1 Vergrößerung ca. 40fach

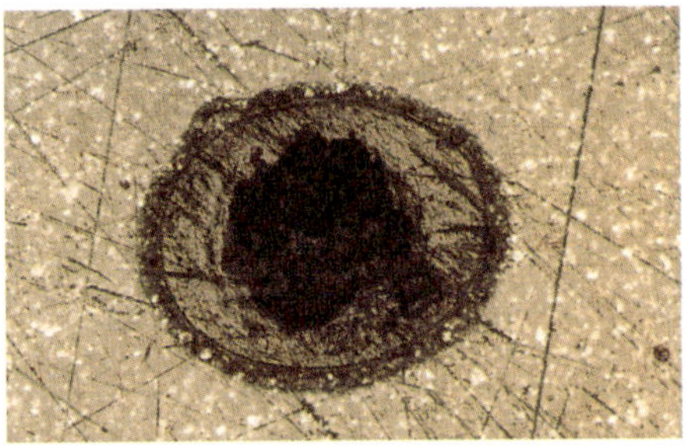

Bild 119.2 Vergrößerung ca. 40fach

Bild 119.3 Vergrößerung ca. 50fach

Bild 119.4 Vergrößerung ca. 50fach

3.13 Teer

Nach dem Befahren neuer oder ausgebesserter Straßen kommt es häufig vor, daß sich im Kühlerbereich und an den Seiten kleine schwarzbraune Tröpfchen angesammelt haben, die nur mit Benzin oder ähnlichen Lösungsmitteln zu entfernen sind. Diese Teerpartikel hinterlassen nach längerer Einwirkzeit vor allem auf hellen Uni-Farbtönen gelblich braune Flecken, die sich nicht mehr mit Lösungsmitteln beseitigen lassen. Bei diesen Flecken handelt es sich um Farbstoffe des Teers, die in die Lackoberfläche diffundiert sind.

Bild 121.1

Leicht vergrößerte Darstellung von Teerflecken nach dem Entfernen des Teers mit Lösungsmittel. Im weißen Decklack markieren sich gelbe, kreisrunde bis ovale Flecken.

Bild 121.2

30fache Vergrößerung der o.g. Störung bei Koaxialbeleuchtung. Zu erkennen ist lediglich eine Randmarkierung. Es liegen weder eine Quellung noch eine Anätzung vor.

3.13 Tar

After driving on new or repaired streets and roads, small black-brown droplets often accumulate in the radiator area and the car side which can only be removed using benzine or other solvents. After extended reaction times, these tar particles leave yellowish-brown stains particularly on light solid-colour shades, which can no longer be removed by solvents. These stains are dye contained in the tar which have diffused into the paint surface.

Fig. 121.1

Slightly magnified reproduction of tar stains after the tar has been removed by solvents. The white topcoat is marked with yellow, circular to oval-shaped stains.

Fig. 1217.2

30x magnification of the a/m damage under coaxial illumination. There is only an edge mark, but no swelling or etching.

Bild 121.1 Vergrößerung ca. 2fach

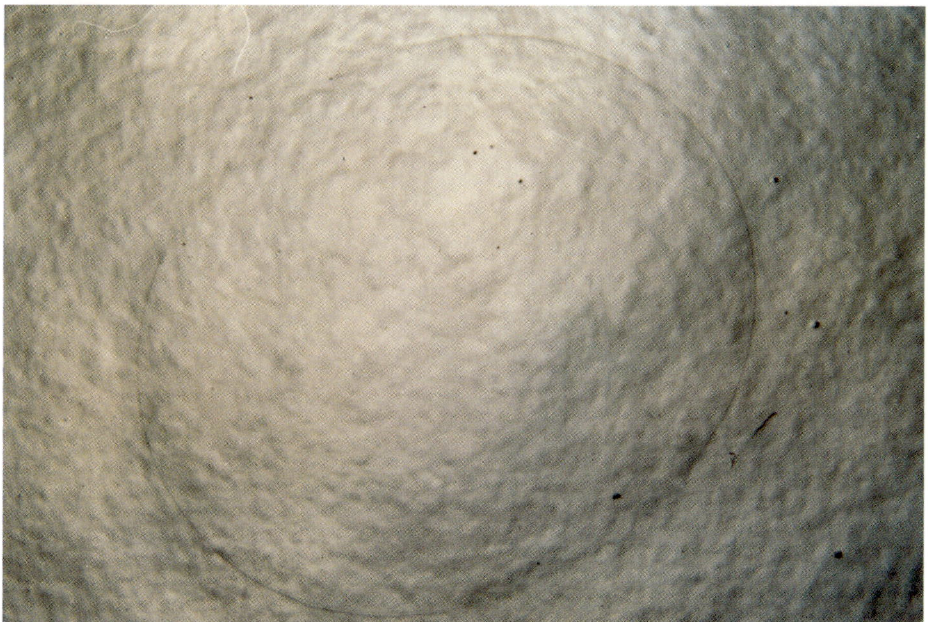

Bild 121.2 Vergrößerung ca. 30fach

Industrielle Einflüsse
Industrial influences

KAPITEL 4

4 Industrielle Einflüsse

Ein weiterer Bereich der Feldschäden wird durch industrielle Einflüsse erzeugt.

Ein Abschnitt befaßt sich mit dem Thema Flugrost. Hierbei handelt es sich um Ablagerungen von Metallspänen unterschiedlichster Güte und Herkunft auf der Lackoberfläche. Diese Späne korrodieren im Laufe der Zeit und haften fest auf der Lackoberfläche an.

Sehr häufig treten diese Schadensbilder in der Nähe von Eisenbahnen oder anderen Fahrzeugen auf. Die durch diese Fahrzeuge durch Bremsabrieb hervorgerufenen, Metallspäne korrodieren je nach Feuchtigkeitsangebot sofort, und es entsteht ein sehr starker Verbund zwischen Partikeln und Lack. Der weitere Schadensverlauf wird durch die dann fortschreitende Korrosion der Metallpartikel bestimmt.

Weitere Schäden können in Baustellenbereichen entstehen. Hier werden u.a. Metalle mit Feilen und Schleifmitteln bearbeitet. Die dabei entstehenden Stäube lagern sich auf der Lackoberfläche ab und können nach längerer Einwirkzeit ebenfalls zu hartnäckigen Anhaftungen führen.

4 Industrial influences

Damages caused by industrial influences are another important area of field damage.

One section deals with the topic of rust film, meaning deposits of metal chips of all kinds and origins on the paint surface. In the course of time, these chips corrode and etch into the paint surface.

These damages occur very frequently when vehicles are parked near railways or other vehicles. The metal chips from these vehicles are sometimes still hot, so that they penetrate the paint surface easily, forming a very strong compound of particle and paint. The subsequent damage development is determined by the onset of corrosion of the metal particles.

Other damage may arise in the vicinity of construction sites where metals are treated with sanding agents and files. The dusts arising therefrom deposit on the paint surface and may cause damage after extended reaction times, too.

Hot glowing metal particles from welding or from the use of abrasive cutting-off machines may also cause similar damage.

Dort, wo geschweißt oder mit dem Trennschleifer gearbeitet wird, entstehen umherspritzende, heiße verglühende Metallpartikel, die auch zu entsprechenden Schäden führen können sofern sie sehr heiß auf die Beschichtungsoberfläche auftreffen und sich einschmelzen.

Ein weiterer Abschnitt befaßt sich mit dem Thema Ofenkondensat und Ölruß.

Hierbei handelt es sich um bei Industrieprozessen entstehende Kondensations- und Verbrennungsprodukte, z. B. bei der Verbrennung von schwefelhaltigen Brennstoffen wie Heizöl und Steinkohle entstehende SO_3 und SO_2 beladene Rußpartikel, die über Kamine in die Umwelt gelangen und sich auf Lackoberflächen ablagern.

Auch hier kann es je nach Aggressivität der Rückstände zu Schäden kommen.

Der letzte Abschnitt befaßt sich mit dem Thema Zement- bzw. Kalkanätzung.

Another section deals with the topic of oven condensate and oil black.

These are condensation and combustion products from industrial processes which get into our environment through chimneys and deposit on paint surfaces.

These substances may cause damages, too, depending on their aggressiveness.

The last section deals with the topic of cement and lime etching.

4.1 Flugrost

Auf der gegenüberliegenden Seite werden korrodierte Metallablagerungen auf einem weißen Decklack gezeigt.

Bild 127.1

Darstellung in Originalgröße. Sichtbar sind rotbraune Flecken und Kränze auf der Decklackoberfläche.

Bild 127.2

10fache Vergrößerung der o.g. Störung. Im Fall der Kränze haben sich die Metallpartikel nach einiger Zeit wieder von der Lackoberfläche gelöst. Im Randbereich ist das Korrosionsprodukt haften geblieben.

Bild 127.3

40fache Vergrößerung der o.g. Schädigung.

Bild 127.4

50fache Vergrößerung. Hier ist noch ein Partikel im Zentrum sichtbar.

4.1 Rust film

The right page shows corroded metal deposits on a white topcoat.

Fig. 127.1

Original-size reproduction. The red-brown stains and circles on the topcoat surface are quite obvious.

Fig. 127.2

10x magnification of the a/m damage. After some time, the metal particles dissolved from the paint surface. In the edge area, the corrosion product continued to adhere.

Fig. 127.3

40x magnification of the a/m damage.

Fig. 127.4

Another 50x magnification. In the centre, a particle can still be seen.

Bild 127.1 Originalgröße

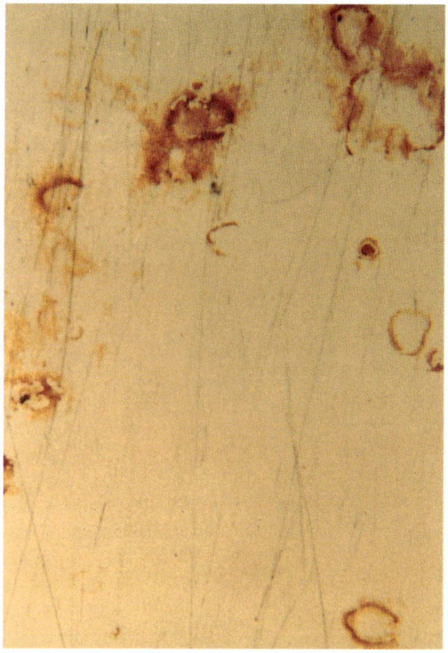

Bild 127.2 Vergrößerung ca. 10fach

Bild 127.3 Vergrößerung ca. 40fach

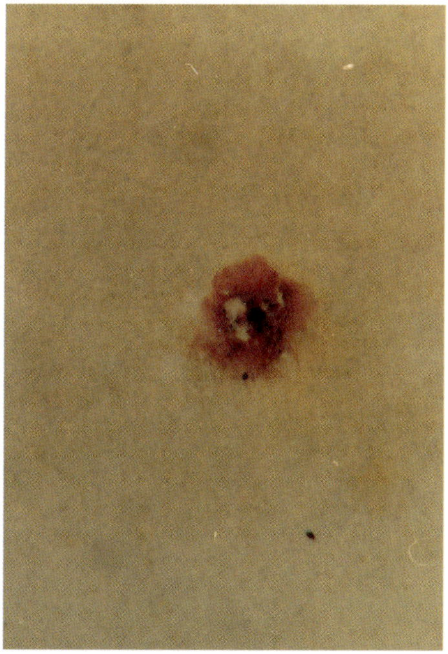

Bild 127.4 Vergrößerung ca. 50fach

Wie bereits auf den vorherigen Seiten erwähnt, kann es bei heißen Metallspänen zu starken Schädigungen der Lackoberfläche kommen. Die Bilder auf der gegenüberliegenden Seite dokumentieren einen solchen Schadensfall.

Bild 129.1

Schädigung in Originalgröße bei normaler Beleuchtung. Sichtbar ist ein inhomogener rotbrauner Belag mit schwarzen Punkten.

Bild 129.2

Darstellung in Originalgröße und Reflexbeleuchtung. Hier ist schon das Ausmaß der Schädigung absehbar.

Bild 129.3

10fache Vergrößerung der o.g. Störung. Neben dem rotbraunen Belag des Korrosionsproduktes sind schwarze Punkte zu erkennen. Hier haben sich die Metallpartikel aufgrund ihrer hohen Eigentemperatur in den Decklack eingegraben und den Decklack um sich herum verbrannt.

Bild 129.4

Wie Bild 129.3, jedoch bei 50facher Vergrößerung.

Hot metal chips from railways, etc. may cause severe damage to paint surfaces, as mentioned on the previous pages. The pictures on the right page document a damage of this kind.

Fig. 129.1

Damage in original size under normal illumination. We see an inhomogeneous red-brown deposit with black spots.

Fig. 129.2

Original-size reproduction under reflex illumination. Here we can already anticipate the extent of the damage.

Fig. 129.3

10x magnification of the a/m damage. Beside the red-brown deposit of the corrosion product, we see black spots. Due to their high temperature, the metal particles penetrated the topcoat and burnt the surrounding topcoat.

Fig. 129.4

As fig. 129.3, but with 50x magnification.

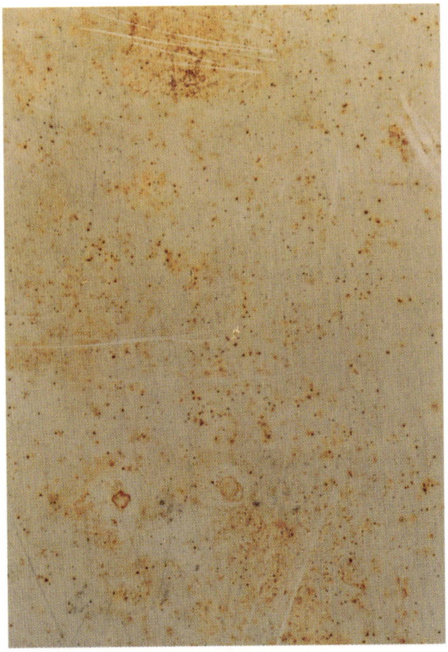

Bild 129.1 Originalgröße

Bild 129.2 Originalgröße

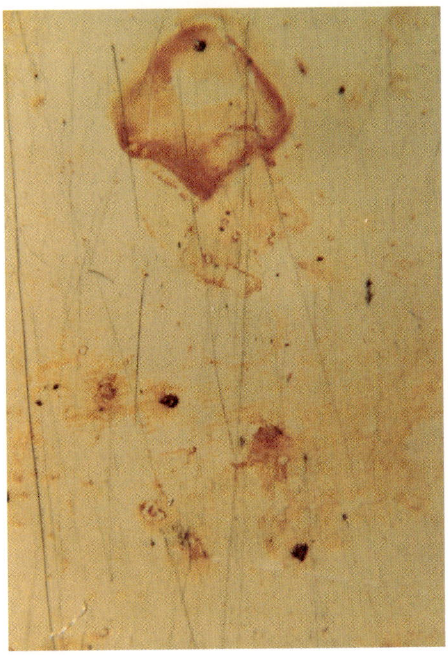

Bild 129.3 Vergrößerung ca. 10fach

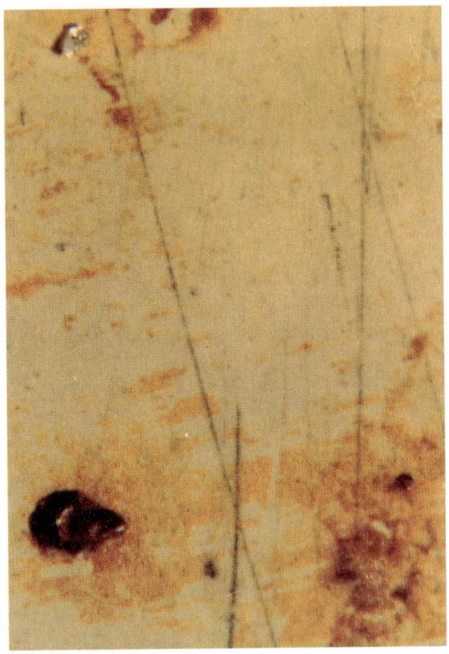

Bild 129.4 Vergrößerung ca. 50fach

Als letztes Beispiel zum Thema Flugrost wird eine Schädigung in einem 2-Schicht-Metallic abgebildet.

Bild 131.1

Darstellung von Rostablagerungen auf einem 2-Schicht-Metallic in Originalgröße.

Bild 131.2

10fache Vergrößerung der o.g. Störung. Zu erkennen sind eine Vielzahl von rotbraunen Flecken, in deren Zentren sich teilweise dunkelbraune Partikel markieren.

Bild 131.3

40fache Vergrößerung einiger brauner Flecken. Es handelt sich hier ebenfalls um einen Belag aus Korrosionsprodukten.

Bild 131.4

50fache Vergrößerung eines anderen Bereichs. Hier sind sehr deutlich die dunkelbraunen Zentren sichtbar. Es handelt sich um Partikel, die noch nicht vollständig korrodiert sind.

The last example for the topic of rust film is a damage to a two-coat metallic.

Fig. 131.1

Original reproduction of rust deposits on a two-coat metallic.

Fig. 131.2

10x magnification of the a/m damage. There is a large number of red-brown stains in whose centres dark brown particles are marked.

Fig. 131.3

40x magnification of some of the brown stains. This is a deposit of corrosion products, too.

Fig. 131.4

50x magnification of another area. The dark brown centres are clearly visible here. It is the particle which has not fully corroded yet.

Bild 131.1 Originalgröße

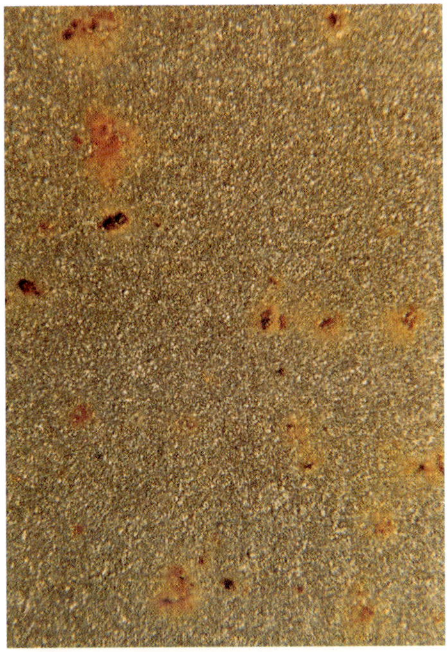

Bild 131.2 Vergrößerung ca. 10fach

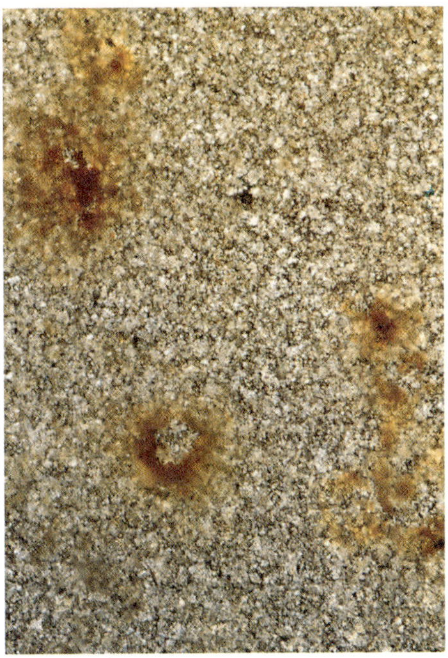

Bild 131.3 Vergrößerung ca. 40fach

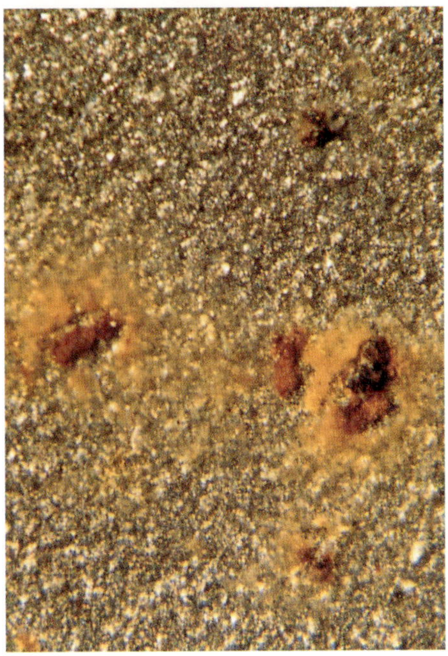

Bild 131.4 Vergrößerung ca. 50fach

4.2 Ofenkondensat/ Ölruß

Zu diesem Abschnitt gibt es eine Vielzahl von Erscheinungsbildern, da die Schadstoffe in großer Vielfalt auftreten.

Bild 133.1

Ablagerung einer hellen Substanz auf einem dunklen Decklack bei 10facher Vergrößerung und normaler Beleuchtung.

Bild 133.2

Gleiche Schädigung wie bei Bild 133.1, jedoch in Reflexbeleuchtung. Im Randbereich der Ablagerungen sind metallisch schimmernde Schichten (Interferenzen) sichtbar.

Bild 133.3

Ablagerung von Verbrennungsrückständen auf einem roten Decklack. Die Schadstoffe sind in den Decklack diffundiert und haben zu einer partiellen Verfärbung und Zerstörung der obersten Schicht geführt.

4.2 Oven condensate/ oil black

For this section, a large number of manifestations is available because these harmful substances are very frequent.

Fig. 133.1

Deposit of a light substance on a dark topcoat, magnified 10x, under normal illumination.

Fig. 133.2

The same damage as in fig. 133.1, but under reflex illumination. In the edge area, there are layers with a metallic shine (interferences).

Fig. 133.3

Deposit of combustion residues on a red topcoat. The harmful substances have diffused into the topcoat and discoloured and destroyed parts of the top layer.

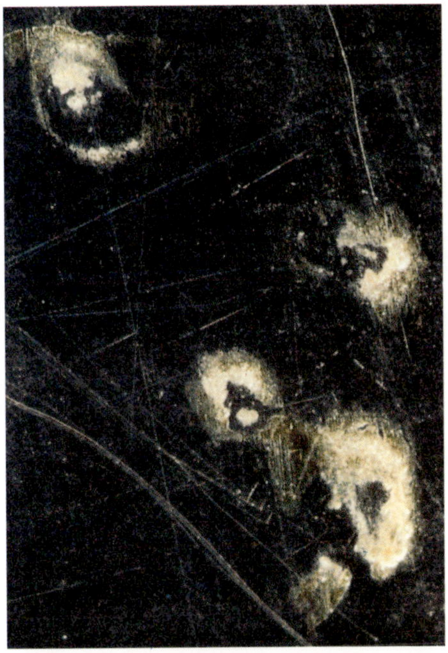

Bild 133.1 Vergrößerung ca. 10fach

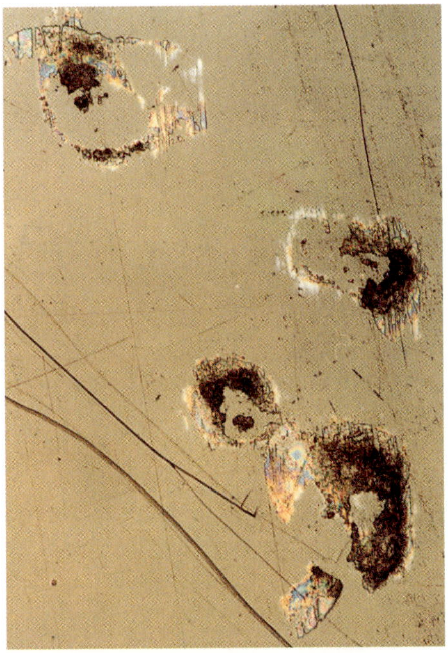

Bild 133.2 Vergrößerung ca. 10fach

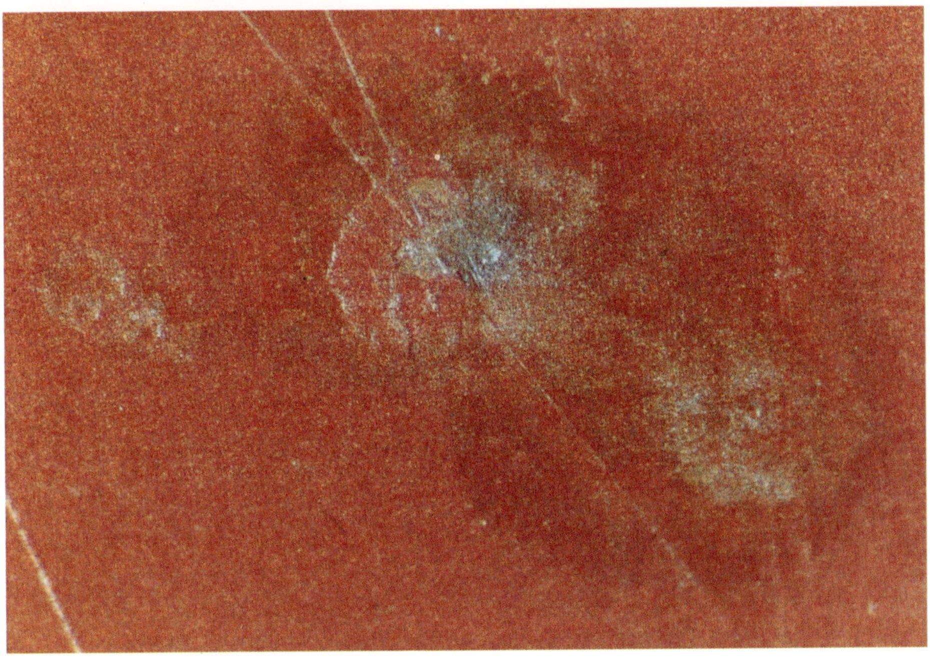

Bild 133.3 Vergrößerung ca. 50fach

4

Auf der gegenüberliegenden Seite werden weitere Schadensbilder, verursacht durch Ofenkondensat/Ölruß dargestellt.

Bild 135.1

Ablagerung einer metallisch glänzenden Substanz auf einem schwarzen Decklack. Darstellung in Originalgröße mit Reflexbeleuchtung.

Bild 135.2

15fache Vergrößerung der o.g. Schädigung. Auch hier sind die metallisch glänzenden Beläge sichtbar.

Bild 135.3

Bei 60facher Vergrößerung wird sichtbar, daß der Decklack angequollen ist und es in den Randbereichen zu leichten Wulstbildungen gekommen ist. Außerdem markieren sich ebenfalls im Randbereich kraterartige Strukturen.

The right page shows other damages caused by oven condensate/oil black.

Fig. 135.1

Deposit of a substance with metallic shine on a black topcoat. Reproduction in original size and under reflex illumination.

Fig. 135.2

15x magnification of the a/m damage. Here, too, the deposits with a metallic shine are visible.

Fig. 135.3

The 60x magnification shows that the topcoat has swollen and that small bulges have formed at the edges. At the edges, there are crater-like structures, too.

Bild 135.1 Originalgröße

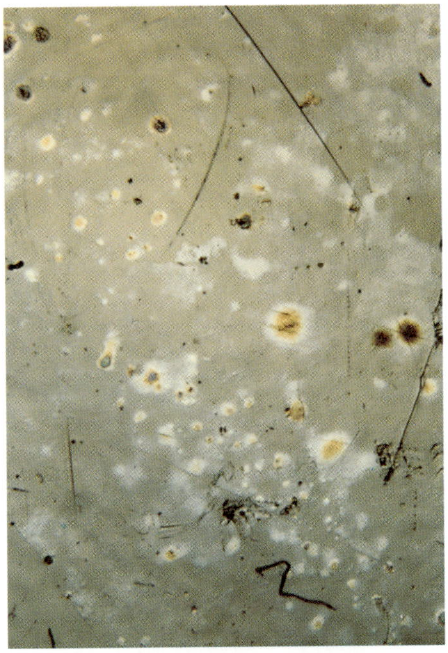

Bild 135.2 Vergrößerung ca. 15fach

Bild 135.3 Vergrößerung ca. 60fach

In diesem Zusammenhang kann es bei längeren Einwirkzeiten auch zu massiven Rißbildungen kommen. Die nächsten Bilder sind symptomatisch für solche Störungen.

Bild 137.1

15fache Vergrößerung einer Schadstelle unter Koaxialbeleuchtung. Sichtbar sind eine Vielzahl von Rissen, verbunden mit einer partiellen Strukturierung (vor allem im Randbereich) der Decklackoberfläche. In einigen Bereichen hat sich der Decklack bereits vom Untergrund abgelöst.

Bild 137.2

Darstellung einer ähnlichen Störung in einem weißen Decklack bei 60facher Vergrößerung und Schrägbeleuchtung. Auch hier sind eine Vielzahl von Rissen sichtbar, die sich ungeordnet in der Decklackoberfläche ausgebreitet haben.

In this context, extended reaction times may lead to massive cracking, too. The following pictures are symptomatic of damages of this kind.

Fig. 137.1

15x magnification of a damaged area under coaxial illumination. There is a large number of cracks coupled with partial structurization (especially in the edge area) of the topcoat surface. In some areas, the topcoat has started to dissolve from the substrate.

Fig. 137.2

Reproduction of a similar damage to a white topcoat at 60x magnification using oblique illumination. Here, too, we see a large number of cracks which have spread all over the topcoat surface.

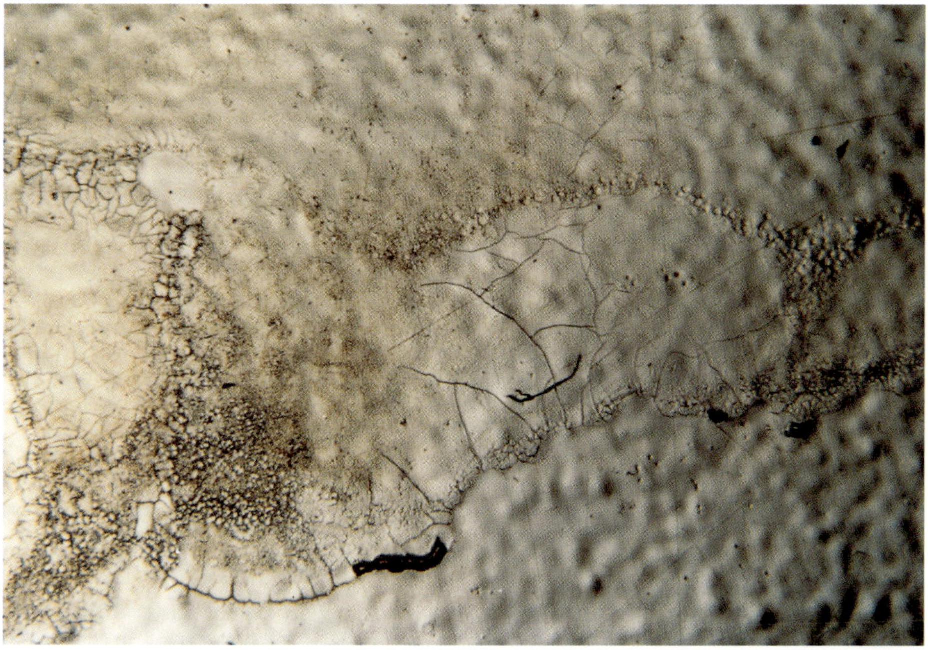

Bild 137.1 Vergrößerung ca. 15fach

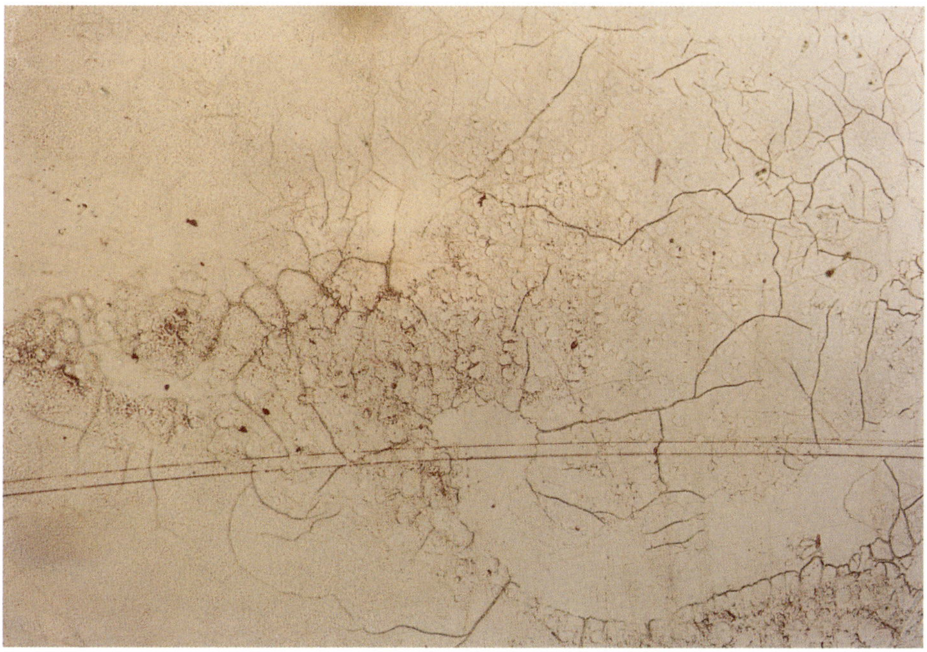

Bild 137.2 Vergrößerung ca. 60fach

4.3 Zement/Kalk

Zement/Kalk hat nicht nur auf der menschlichen Haut eine ätzende Wirkung, sondern auch auf vereinzelte Lackoberflächen. Auf den nächsten vier Seiten werden Beispiele gezeigt, wie sich diese Substanzen auf der Lackoberfläche markieren können.

Bild 139.1

Darstellung eines Zement/Kalk-Flecks in einem roten Decklack in Originalgröße bei Reflexbeleuchtung. Mit dem bloßem Auge sichtbar ist nur der Fleckrand.

Bild 139.2

Bei 15facher Vergrößerung und Koaxialbeleuchtung des Randbereiches wird deutlich sichtbar, daß die Lackoberfläche angeätzt ist. Je nach Grad der Anätzung ist diese Schädigung mit Polieren zu entfernen. Bei stärkeren Schädigungen muß auch hier der geschädigte Lack abgeschliffen und entsprechend lackiert werden.

Bild 139.3

15fache Vergrößerung von kleinen Zement/Kalk-Flecken. Auch hier zeigen sich hauptsächlich die Fleckenränder.

4.3 Cement/lime

Cement/lime does not only have an etching effect on the human skin but on some paint surfaces, too. The following four pages show examples of how these substances leave their marks on the paint surface.

Fig. 139.1

Reproduction of a cement/lime stain on a red topcoat in original size and under reflex illumination. To the naked eye, only the stain edge is visible.

Fig. 139.2

At 15x magnification and under coaxial illumination of the edge area, it becomes obvious that the paint surface has been etched. Depending on the degree of the etching, this damage can be removed by polishing. In the case of more severe damages, the paint has to be removed with coarse materials and then resprayed.

Fig. 139.3

15x magnification of small cement/lime stains. Here, mainly the stain edge is visible.

Bild 139.1 Originalgröße

Bild 139.2 Vergrößerung ca. 15fach

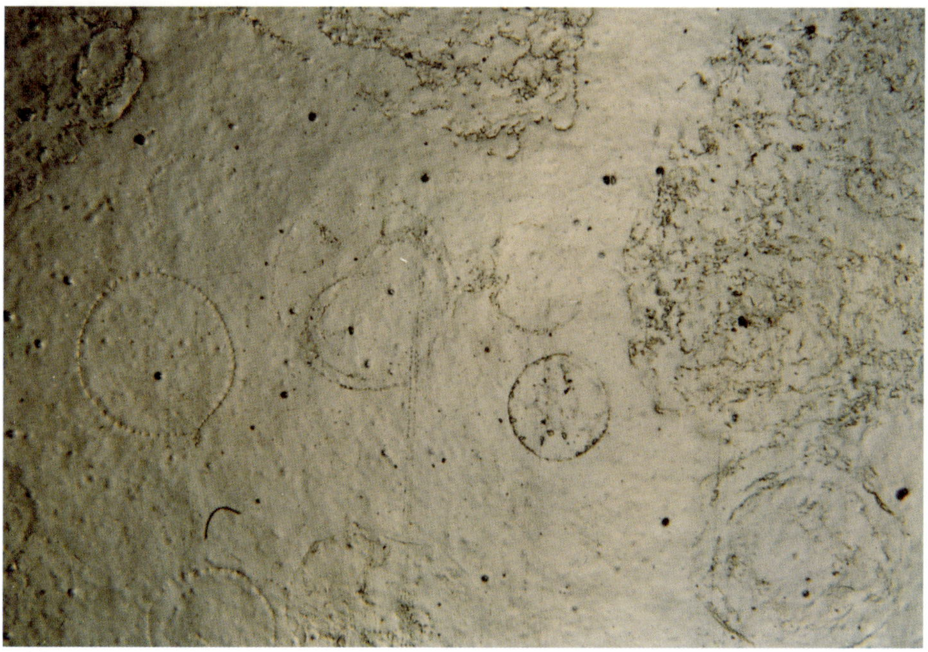

Bild 139.3 Vergrößerung ca. 15fach

Auf der gegenüberliegenden Seite werden Markierungen eines Zement/Kalk-Flecks in einem roten Decklack dargestellt.

Bild 141.1

10fache Vergrößerung einer Zement/Kalk-Markierung bei normaler Beleuchtung. In den Randbereichen hat sich eine weiße Substanz abgelagert. Innerhalb des Flecks sind keine weiteren Störungen sichtbar.

Bild 141.2

40fache Vergrößerung des Randbereichs. Eindeutig sichtbar sind die hellen Ablagerungen.

Bild 141.3

Die Darstellung mit Koaxialbeleuchtung zeigt außer der Randmarkierung eine leichte Anätzung der Decklackoberfläche innerhalb des Flecks.

The right page shows marks of a cement/lime stain in a red topcoat.

Fig. 141.1

10x magnification of a cement/lime mark using normal illumination. A white substance has deposited at the edges. Within the stain, there are no further damages visible.

Fig. 141.2

40x magnification of the edge area. The light deposits are clearly visible.

Fig. 141.3

The reproduction under coaxial illumination shows the edge mark and a light etching of the topcoat surface within the stain.

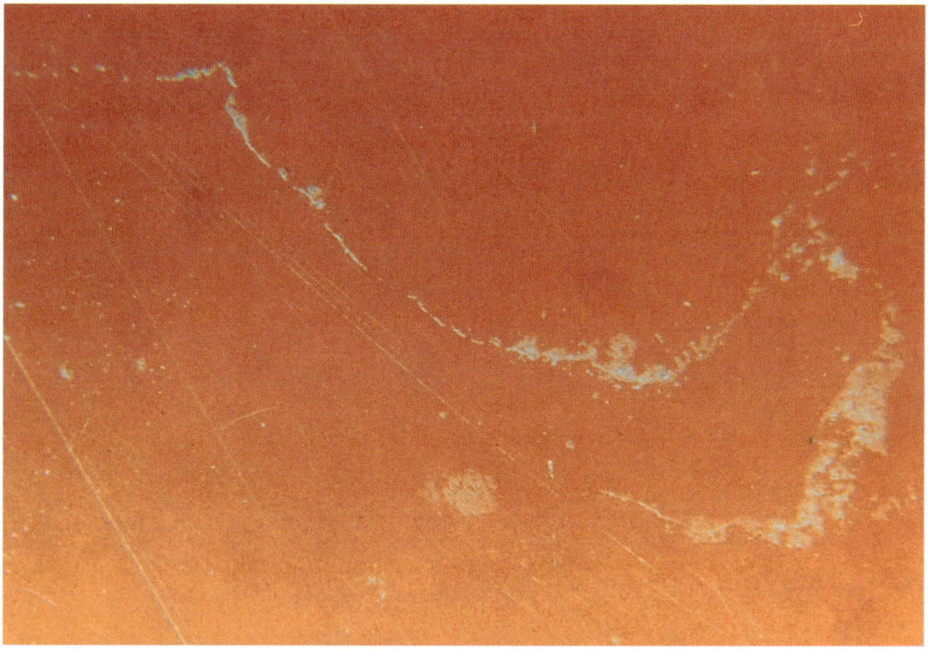

Bild 141.1 Vergrößerung ca. 10fach

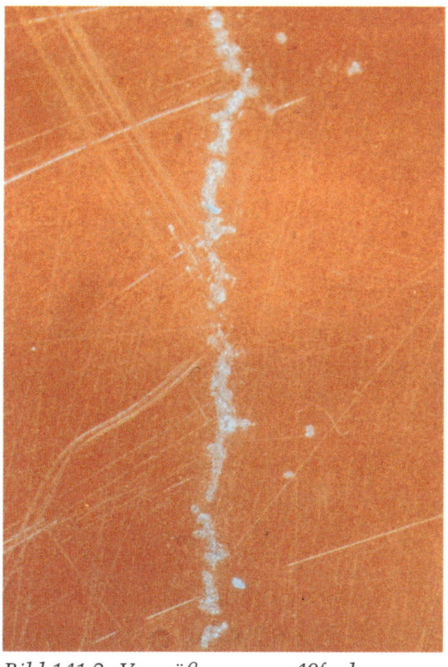

Bild 141.2 Vergrößerung ca. 40fach

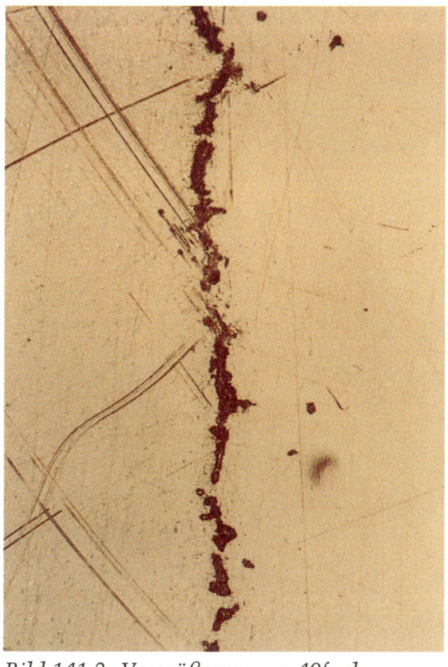

Bild 141.3 Vergrößerung ca. 40fach

Bewitterungseinflüsse
Weathering

KAPITEL 5

5 Bewitterungseinflüsse

Bewitterungsprüfungen sind ein fester Bestandteil zur Freigabe bei der Entwicklung von Lacken.

In der Lackindustrie werden eine Vielzahl von Bewitterungsprüfungen vorgenommen. Diese Prüfungen dienen dazu, Lacke zu entwickeln, die über die gesamte Lebensdauer eines Fahrzeugs wenig Veränderungen bezüglich Farbe, Glanz, Oberflächenstruktur und Korrosion aufweisen.

Man bedient sich bei den Prüfungen diverser vorgeschriebener und genormter Testmethoden, z.B. Weather-O-Meter, UV-CON, Salzsprühtest, Kesternichtest, Wechseltest, Schwitzkasten u.s.w.

Bei diesen Tests handelt es sich um sogenannte Kurzzeittests, da sie nur über max. mehrere Monate laufen. Diese Kurzzeittests haben jedoch die Aufgabe, jahrelange Feldbewitterungen zu simulieren und teilweise zu ersetzen.

Bei allen genannten Testverfahren werden mit entsprechenden Lackaufbauten lackierte Prüftafeln einer definierten Atmosphäre ausgesetzt, z.B. hohe Luftfeuchtigkeit, hohe UV-Bestrahlung, Salzwasseratmosphäre, Industriegasatmosphäre etc.

Außerdem gibt es Langzeittests, die weltweit in unterschiedlichen Klimazonen, in Florida, Australien, Deutschland (Sylt) usw., durchgeführt werden.

5 Weathering

Weathering tests are an integral part of releases when paints are developed.

The paint industry carries out a large number of weathering tests. On the basis of these tests, paints are developed whose characteristics such as colour, gloss, surface structure and corrosion resistance do not change during the entire life of the vehicle.

There are various mandatory and standardized test procedures, such as Weather-O-Meter, UV-CON, salt spray test, Kesternich test, damp/heat alternating atmosphere, etc.

These tests are so-called short-term tests which run for some months only. These short-term tests are to simulate and replace years of field weathering.

In all the a/m tests, test panels painted with the individual paint build-ups are subjected to a defined atmosphere, e.g. high ambient humidity, high UV radiation, salt water, industrial emissions, etc.

Apart from these tests, there are long-term tests carried out in various climatic zones such as Florida, Australia, Germany (Sylt), etc.

Im Lauf der Zeit wurden aufgrund der Testergebnisse Bindemittel, Pigmente und spezielle Korrosionsschutzpigmente entwickelt. Diese Bindemittel weisen auch bei hoher UV-Belastung keine Risse oder Vermattungen auf. Die Pigmente zeichnen sich durch optimale Farbechtheit bis zur Verschrottung des Fahrzeuges aus, und die speziellen Korrosionsschutzpigmente bieten der Karosserie einen hohen Schutz gegen Rost.

Die auf den nächsten Seiten dargestellten Schäden, hervorgerufen durch Bewitterungseinflüsse, sind bei den heute in Westeuropa, Japan und den USA überwiegend eingesetzten, hochmodernen 2K-Technologien und den entsprechenden Pigmenten in der Regel nicht mehr anzutreffen (mit Ausnahme der Korrosion).

Da aber auf dem internationalen Markt auch noch andere Technologien zu Einsatz kommen, kann der eine oder andere Schadensfall durchaus noch auftreten.

Im einzelnen vorgestellt werden in diesem Kapitel die Themen Ausbleichen, Korrosion, Kreidung (verbunden mit Vermattung) und Rißbildung.

In the course of time, the test results led to the development of binding agents, pigments and special corrosion protection pigments. The binding agents show no signs of cracks or matting even under high UV radiation. The pigments are characterized by optimum colour fastness until the vehicle is scrapped, and the special corrosion protection pigments provide for high rust protection of the vehicle.

As a rule, the damages shown on the following pages, which were caused by weathering, no longer occur (except for corrosion) due to the frequent use of state-of-the-art 2K technologies and the corresponding pigments.

As, however, other technologies are used in the international market, some of these damages may still occur.

This chapter deals with the topics of fading, corrosion, chalking (coupled with matting) and crack formation.

5.1 Ausbleichen

Zum Ausbleichen führt das Zusammenspiel zwischen UV-Strahlung und Pigment. Die UV-Strahlung bewirkt bei entsprechenden Pigmenten eine Verfärbung bzw. eine Verblassung. Diese Schäden treten sowohl homogen als auch partiell in Form von Fleckenbildungen in der Regel nach einigen Jahren Feldbewitterung auf.

Bild 147.1

Beispiel von Ausbleichung in einem blauen Decklack in Originalgröße. Das farbgebende blaue Pigment hat sich zu einem schmutzig grauen Pigment verändert.

Bild 147.2

Wie Bild 147.1, jedoch bei 10facher Vergrößerung. Hier wird der Übergangsbereich von Blau nach Grau (abgedeckter/nicht abgedeckter Bereich) sehr gut sichtbar.

Bild 147.3

Ausbleichung bei einem roten Pigment. Der Effekt ist nicht so extrem wie bei Bild 147.1.

Bild 147.4

Beispiel für das Weißanlaufen eines Klarlacks. Hier liegt die Ursache nicht im Pigment sondern im Bindemittel. Aufgrund der unterschiedlich langen Abdeckzeiten sind die einzelnen Stadien sehr gut sichtbar.

5.1 Fading

Fading is caused by a combination of UV radiation and pigments. UV radiation combined with some pigments leads to discolouration or fading. As a rule, this occurs after some years of field weathering and may be homogeneous or partial (stains).

Fig. 147.1

Example of fading of a blue topcoat in original size. The blue pigment has become dirty grey.

Fig. 147.2

As fig. 147.1, 10x magnified. Here the transition from blue to grey (covered/uncovered area) is very obvious.

Fig. 147.3

Fading of a red pigment. The effect is not as extreme as in fig. 147.1.

Fig. 147.4

Here we have an example of a clearcoat with white tarnishing. This is due to the binder and not to the pigment. The individual stages can be seen very clearly here as a result of the differnet masking times.

Bild 147.1 Originalgröße

Bild 147.2 Vergrößerung ca. 10fach

Bild 147.3 Originalgröße

Bild 147.4 Originalgröße

Auf der gegenüberliegenden Seite wird das Ausbleichen am Beispiel eines roten Decklacks eindrucksvoll dargestellt.

Bild 149.1

Verkleinerte Darstellung der Oberfläche eines Pkw-Dachs. Deutlich sichtbar sind die hellen Flecken in der roten Lackierung. Solche Schäden sind in der Regel nur durch eine Neulackierung zu beseitigen.

Bild 149.2

Darstellung desselben Pkw-Dachs wie bei Bild 149.1, jedoch in Originalgröße. Auch hier sind die hellen, teilweise fast weißen, Flecken deutlich zu erkennen.

The bleaching effect is impessively demonstrated by a red topcoat in the example opposite.

Fig. 149.1

Miniaturized view of a car roof. The red paintwork shows distinct bright patches. Such defects can normally only be remedied by applying a complete new finish.

Fig. 149.2

View of the same car roof as in Fig. 149.1, but on a scale of 1:1. The bright, almost white patches can still be seen clearly.

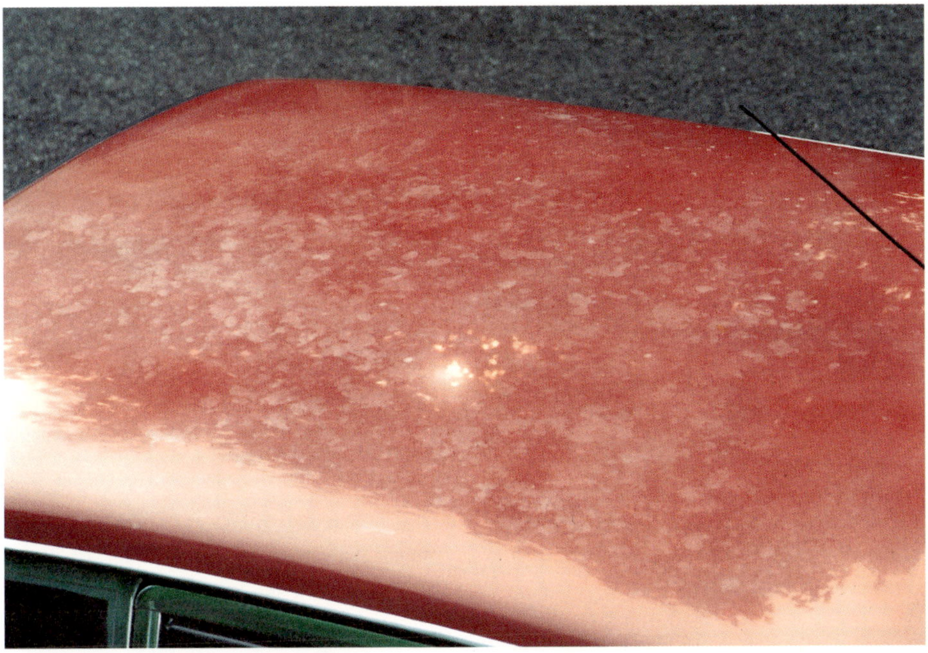

Bild 149.1 Verkleinerte Darstellung

Bild 149.2 Originalgröße

5

5.2 Korrosion

Das Thema Korrosion kann in Rahmen dieses Buches nicht in vollem Umfang abgehandelt werden. Deshalb sind hier nur einige repräsentative Beispiele dargestellt. Grundsätzlich kann allerdings festgestellt werden, daß Korrosionsschäden heute fast nur noch an mechanischen Schädigungen oder im Kantenbereich der Karosserien beobachtet werden.

Bild 151.1

Korrosionsschaden, verbunden mit dem Abplatzen des gesamten Lackfilms. Der Lackfilm weist in den Randbereichen blasenförmige Strukturen auf, die auf eine Enthaftung hinweisen.

Bild 151.2

Bei 10facher Vergrößerung sind außer den Korrosionsprodukten und den blasenförmigen Strukturen in der Lackschicht Risse im Klarlack sichtbar.

5.2 Corrosion

The topic of corrosion is a science in itself and cannot be treated in sufficient depth on three pages. Therefore only a few representative examples were chosen to include this topic in this documentation.

Fig. 151.1

Corrosion damage coupled with chipping of the whole paint film. The paint film has blister-shaped structures on the edges indicating a loss of adhesion.

Fig. 151.2

The 10x magnification shows corrosion products and blister-shaped structures as well as cracks in the clear.

Bild 151.1 Originalgröße

Bild 151.2 Vergrößerung ca. 10fach

Bei den folgenden Beispielen handelt es sich um Korrosionserscheinungen, die im Zusammenhang mit Steinschlagschäden oder anderen bis zu Blech reichenden mechanischen Schädigungen auftreten.

Bild 153.1

Darstellung einer fadenförmigen Korrosion (Filiform-Korrosion) in Originalgröße und bei Reflexbeleuchtung. Der Ausgangspunkt dieser Korrosion ist eine bis zum Substrat reichende mechanische Beschädigung (Steinschlag) in der Lackschicht.

Bild 153.2

Wie Bild 153.1, jedoch in einem anderen Lacksystem.

Bild 153. 3

10fache Vergrößerung des in Bild 153.1 dargestellten Korrosionsschadens. Hier sind eindeutig die Löcher in der Lackschicht zu erkennen, von denen die Korrosion ausgeht.

The following examples show corrosion caused by stone-chip damage and other mechanical damage reaching down to the sheet metal.

Fig. 153.1

Reproduction of a thread-shaped corrosion (filiform corrosion) in original size and under reflex illumination. The starting point of this corrosion is a mechanical damage to the paint film (stone-chip) reaching down to the substrate.

Fig. 153.2

As fig. 153.1 in a different paint system.

Fig. 153.3

10x magnification of the corrosion damage shown in fig. 153.1. Here the holes causing the corrosion are clearly visible.

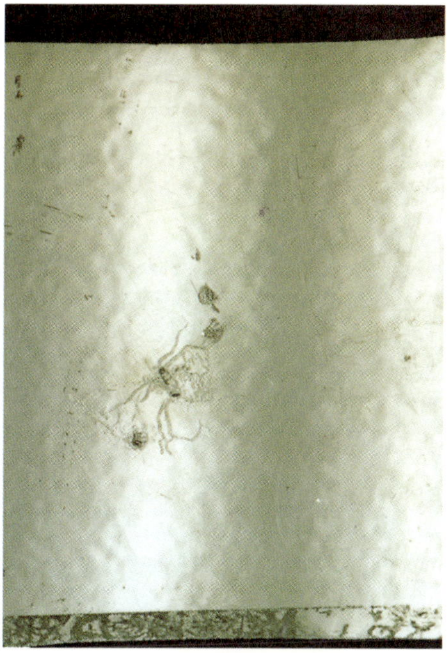

Bild 153.1 Originalgröße

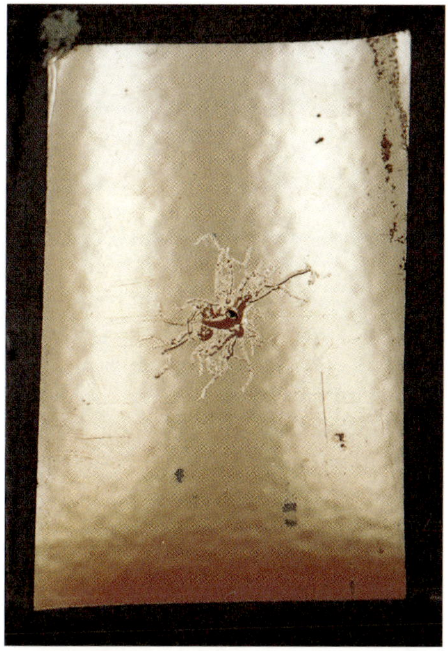

Bild 153.2 Originalgröße

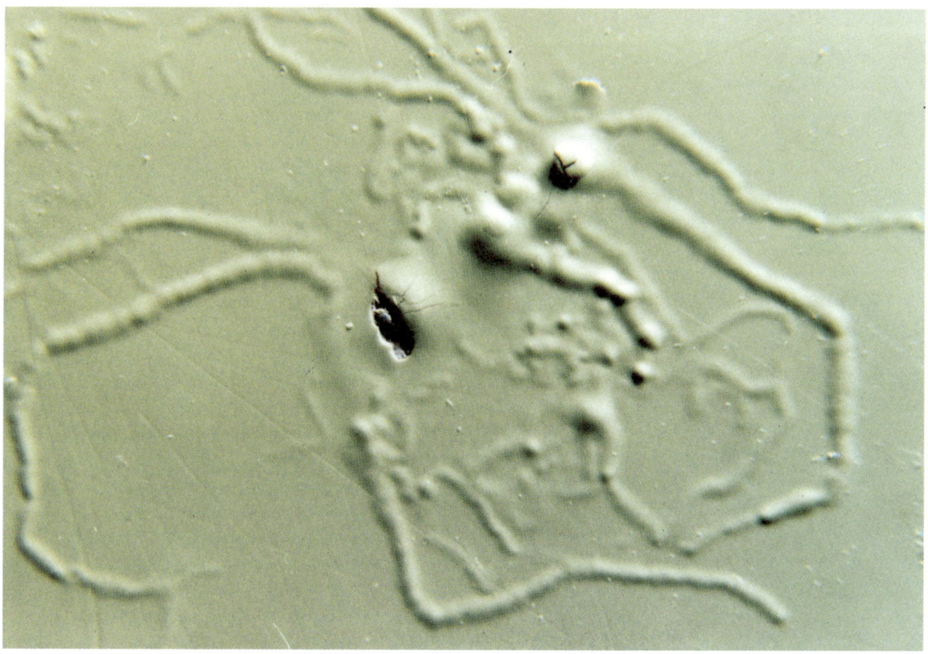

Bild 153.3 Vergrößerung ca. 10fach

Die nachfolgenden Aufnahmen stammen von einem drei Jahre alten Fahrzeug. Dieses Fahrzeug wies an fast allen Steinschlagschäden ähnliche Erscheinungen auf.

Bild 155.1

Rostblasen, ausgehend von einer mechanischen Beschädigung (Steinschlag). Die Blasenbildung entsteht durch die Bildung von Korrosionsprodukten zwischen Lackschicht und Substrat. Die Korrosionsprodukte weisen ein größeres Volumen auf als das Metall vor der Reaktion und führen so zur Aufblähung der Lackschicht.

Bild 155.2

Wie Bild 155.1, jedoch an einer Kante.

Bild 155.3

Starke Korrosion im Bereich der Fensterdichtung an der Tür. Auch hier geht die Korrosion von einer mechanischen Beschädigung aus.

The following reproductions were made using a three-year-old vehicle. This vehicle showed these marks in almost all areas subject to stone-chip damage.

Fig. 155.1

Rust blisters caused by mechanical damage (stone-chip damage). The blisters are caused by the build-up of corrosion products between the paint film and the substrate. The corrosion products have a larger volume than the metal before the reaction and thus blow up the paint film.

Fig. 155.2

As fig. 155.1, but photographed at an edge.

Fig. 155.3

Severe corrosion in the area of the window weatherstrip at the door. Here, too, the corrosion was caused by mechanical damage.

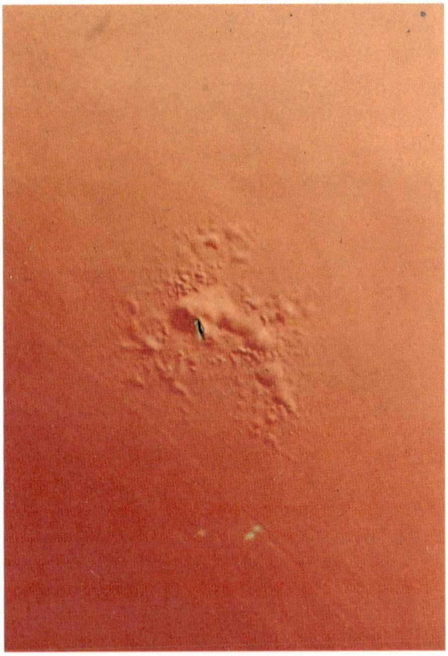

Bild 155.1 Originalgröße

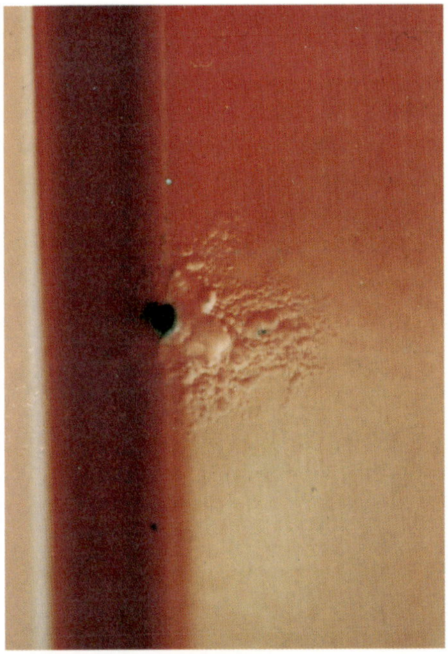

Bild 155.2 Originalgröße

5

Bild 155.3 Originalgröße

Auf der gegenüberliegenden Seite werden Prüftafeln gezeigt, die längere Zeit einem Salzsprühtest unterzogen wurden. Anhand dieses Tests wird die Korrosionsbeständigkeit eines Lacksystems festgestellt.

Um diesen Test ausführen zu können, werden lackierte Bleche mit einem Stichel unter einem definierten Druck eingeritzt. Diese so präparierten Bleche werden anschließend einer gesättigten Salzwasseratmosphäre ausgesetzt. Nach vorgeschriebenen Zeiten werden die Bleche ausgewertet und die Unterrostung an den Ritzen vermessen.

Bild 157.1

Darstellung eines Schadensbildes nach dem Salzsprühtest in 2facher Vergrößerung. Sichtbar ist der korrodierte Ritz in der Lackschicht.

Bild 157.2

Wie Bild 157.1. Hier haben sich zusätzlich noch Blasen gebildet.

Bild 157.3 und Bild 157.4

15fache Vergrößerungen zweier Schadensbilder aus dem Salzsprühtest. Deutlich sichtbar ist das korrodierte Eisenblech und die teilweise zerstörte blasige Lackschicht.

The right page shows test panels that were subjected to a salt spray test for an extended period of time. This test is to examine the corrosion resistance of a paint system.

To carry out this test, finished metal panels are scratched by a chisel under a defined pressure. These prepared panels are then subjected to a saturated salt water atmosphere. After a defined period of time, these panels are analyzed and the rust formation at the crevices is measured.

Fig. 157.1

Reproduction of a damage after a salt spray test, magnified 2x. There is a corroded crevice in the paint film.

Fig. 157.2

As fig. 157.1. Blisters have started to form.

Fig. 157.3 and 157.4

15x magnification of two damages from the salt spray test. The corroded sheet steel and the paint film that is partly destroyed and covered by blisters are clearly visible.

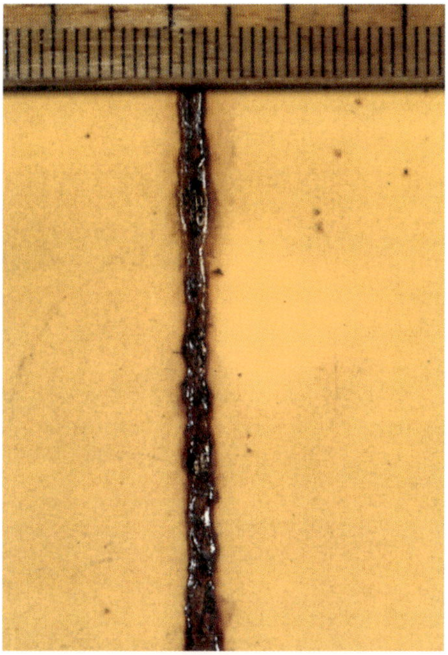

Bild 157.1 Vergrößerung ca. 2fach

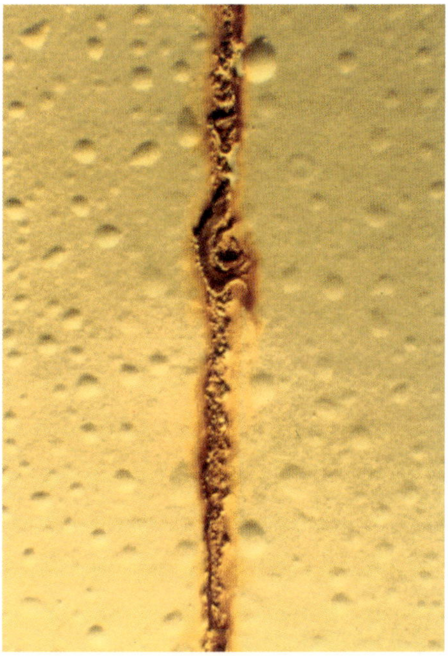

Bild 157.2 Vergrößerung ca. 2fach

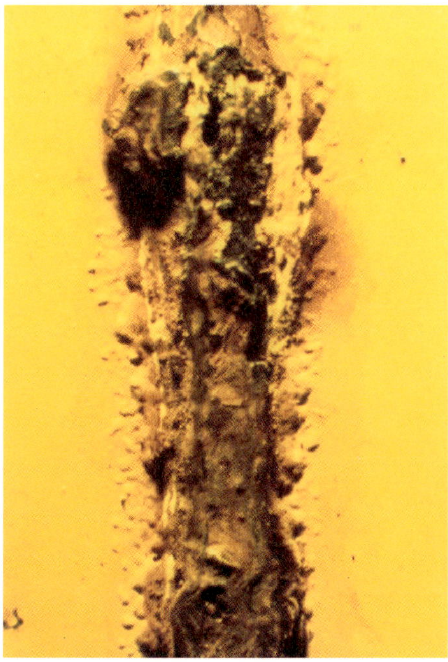

Bild 157.2 Vergrößerung ca. 15fach

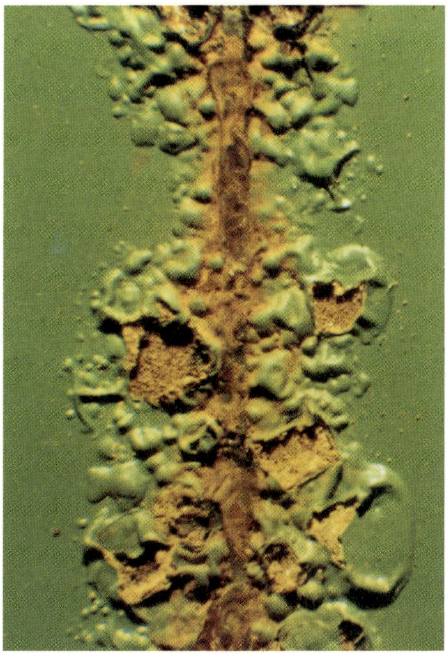

Bild 157.4 Vergrößerung ca. 15fach

5.3 Kreiden/Vermattung

Das Kreidung ist sehr eng mit der Vermattung verknüpft. Falls in einem Fall Kreidung vorliegt, macht sich diese durch einen starken Glanzabfall bemerkbar.

Das Kreiden hat zwei Ursachen. Die eine ist die oberflächliche Zerstörung des im Lack befindlichen Bindemittels durch UV-Strahlung. Das führt dazu, daß die Pigmente auf der Oberfläche freiliegen. Dieser Schaden kann in der Regel durch Politur behoben werden.

Die zweite Ursache ist der Einsatz eines falschen Weiß-Pigments (Titandioxid-Anatas), was heute kaum noch vorkommt. Hier liegt ein irreparabler Schaden vor.

Bild 159.1

Darstellung einer grauen Decklackoberfläche mit Reflexbeleuchtung.

Bild 159.2

Wie Bild 159.1, jedoch mit einer kreidenden Oberfläche. Gut zu erkennen ist die starke Vermattung, verbunden mit einer sehr hohen Empfindlichkeit gegenüber mechanischen Beanspruchungen wie z.B. Kratzer.

Bild 159.3

Darstellung einer Lackoberfläche im Reflex, die vor der Bewitterung zu 50% abgedeckt wurde. Auch hier ist eindeutig die durch die Kreidung verursachte Vermattung erkennbar.

5.3 Chalking/matting

Chalking and matting are two closely-linked topics. Chalking is characterized by a severe loss of gloss.

Chalking has two causes. One cause is the superficial destruction of the binding agent contained in the paint through UV radiation, so that the pigments in the surface are uncovered. This damage can usually be removed by polishing.

The second cause is the use of the wrong white pigment (titanium oxide anatase). This kind of damage cannot be repaired.

Fig. 159.1

Reproduction of a grey topcoat surface using reflex illumination.

Fig. 159.2

As fig. 159.1, but with a chalking surface. The severe matting coupled with very low resistance to mechanical damage such as scratches is clearly visible.

Fig. 159.3

Reproduction of a paint surface using reflex illumination, 50% of which were covered up before weathering. The matting caused by chalking is clearly discernible here, too.

Bild 159.1 Originalgröße

Bild 159.2 Originalgröße

Bild 159.3 Originalgröße

5.4 Rißbildung

Aufgrund der intensiven Forschungen und Tests spielt das Thema Klarlackrisse im Zusammenhang mit Bewitterung nur noch eine untergeordnete Rolle. Mittlerweile sind die Klarlacke neuester Generation, unter anderem durch den Zusatz von UV-Absorbern, in der Regel resistent gegen Rißbildung. Trotzdem erscheinen immer noch Fahrzeuge, die mit älteren Lackqualitäten lackiert wurden und Klarlackrisse aufweisen.

Auf den nächsten drei Seiten werden Rißbildungen gezeigt, die sich als Tropfen markieren.

Rißbildungen im Zusammenhang mit Fehlbeschichtungen werden im Kapitel 7 (Lackierfehler) behandelt.

Bild 161.1 bis Bild 161.4

Rißbildung in braunem 2-Schicht-Metallic bei verschiedenen Vergrößerungen und Beleuchtungsvarianten. Die Risse gehen von den visuell sichtbaren Tropfen aus und verbreiten sich sternförmig.

Bild 162.1 bis Bild 162.4

Rißbildung in einem roten 2-Schicht-Uni bei verschiedenen Vergrößerungen und Beleuchtungsvarianten. Auch hier gehen die Risse von den visuell sichtbaren Flecken aus, jedoch hauptsächlich von den Fleckenrändern.

Bild 163.1 bis Bild 163.4

Wie Bilder auf S. 161. Die Rißbildung ist hier bereits stark fortgeschritten.

5.4 Crack formation

Due to extensive research and tests, the topic of clearcoat cracks in conjunction with weathering is of minor importance now. In the meantime, the recent generation of clears is usually resistant to crack formation. There are, however, still vehicles that were coated with paints of minor quality and thus have cracks in the clearcoat.

The following three pages show cracks marked as drops.

Crack formation in conjunction with painting defects will be dealt with in a different chapter.

Fig. 161.1 to fig. 161.4

Crack formation in a brown two-coat metallic at various magnification ratios and using various kinds of illumination. The cracks start from the visible drops and spread in star shape.

Fig. 162.1 to fig. 162.4

Crack formation in a red two-coat solid-coloured paint at various magnification ratios and using various illuminations. Here, too, the cracks start from the visible stains, but mainly from the stain edges.

Fig. 163.1 to fig. 163.4

As the figures on page 161. The crack formation has reached an advanced stage here.

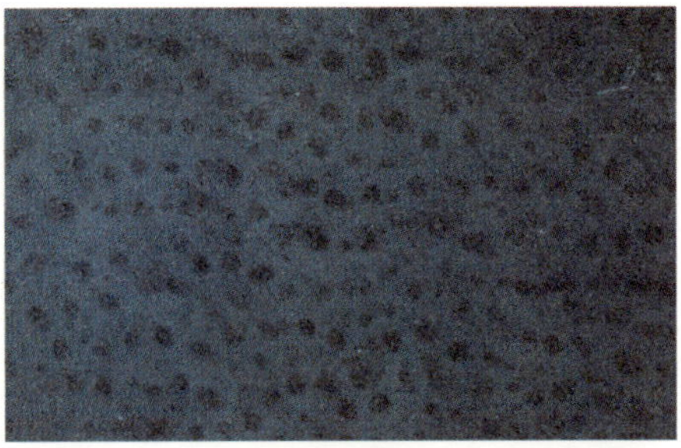

Bild 161.1 Originalgröße

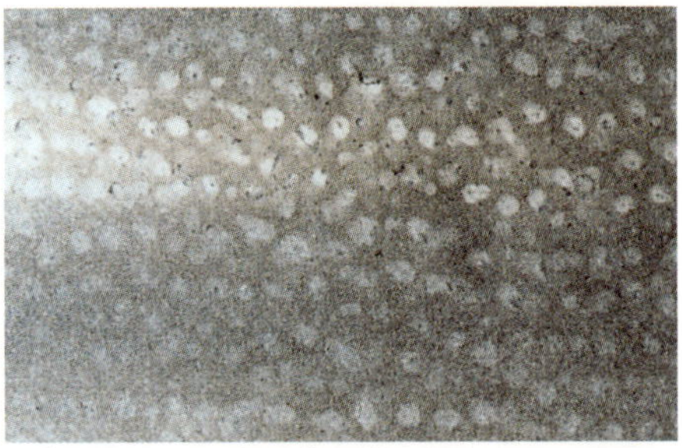

Bild 161.2 Originalgröße

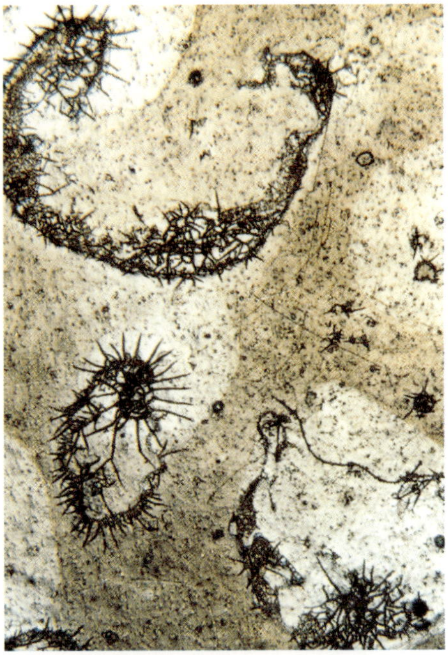

Bild 161.3 Vergrößerung ca. 15fach

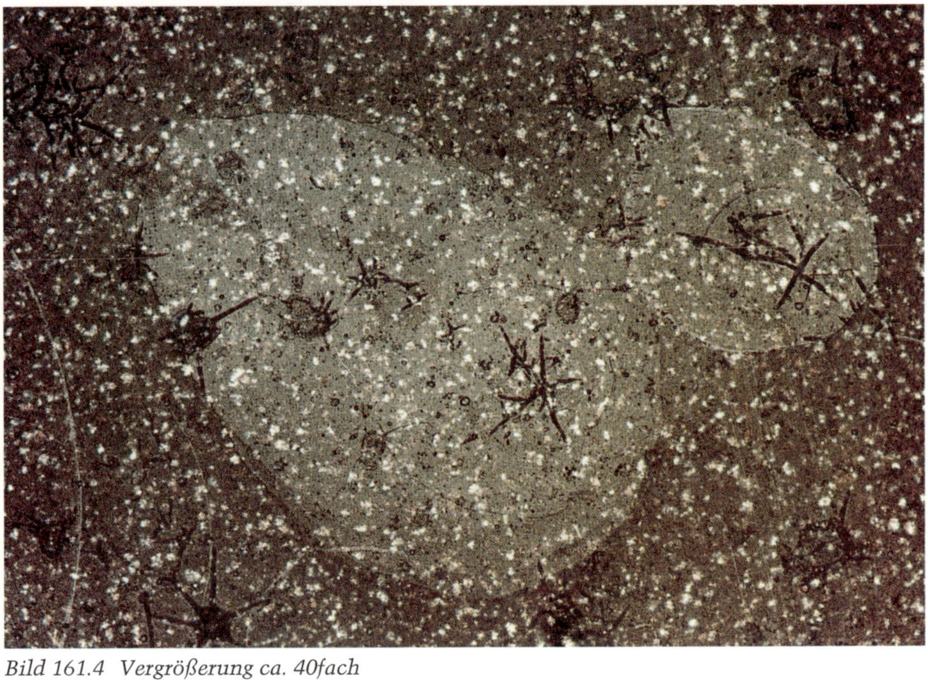

Bild 161.4 Vergrößerung ca. 40fach

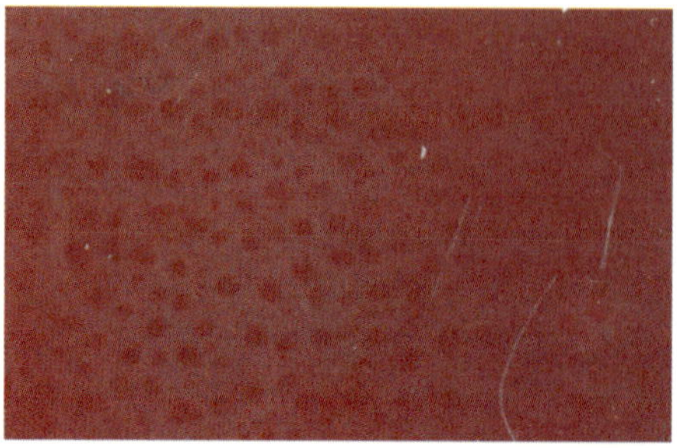

Bild 162.1 Originalgröße

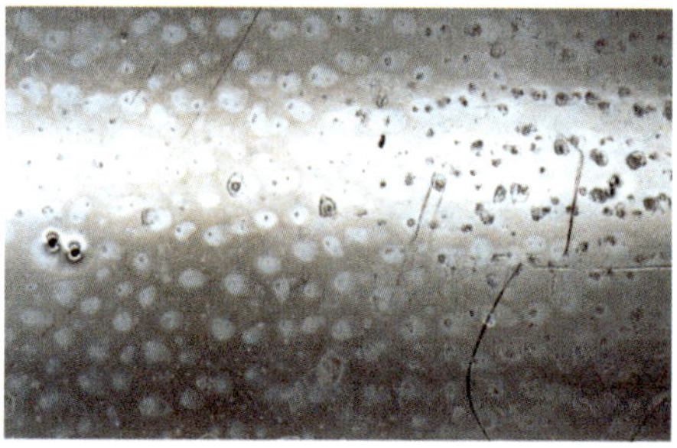

Bild 162.2 Originalgröße

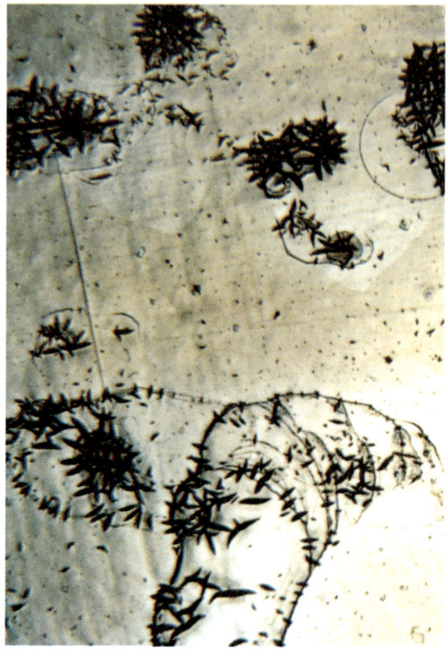

Bild 162.3 Vergrößerung ca. 15fach

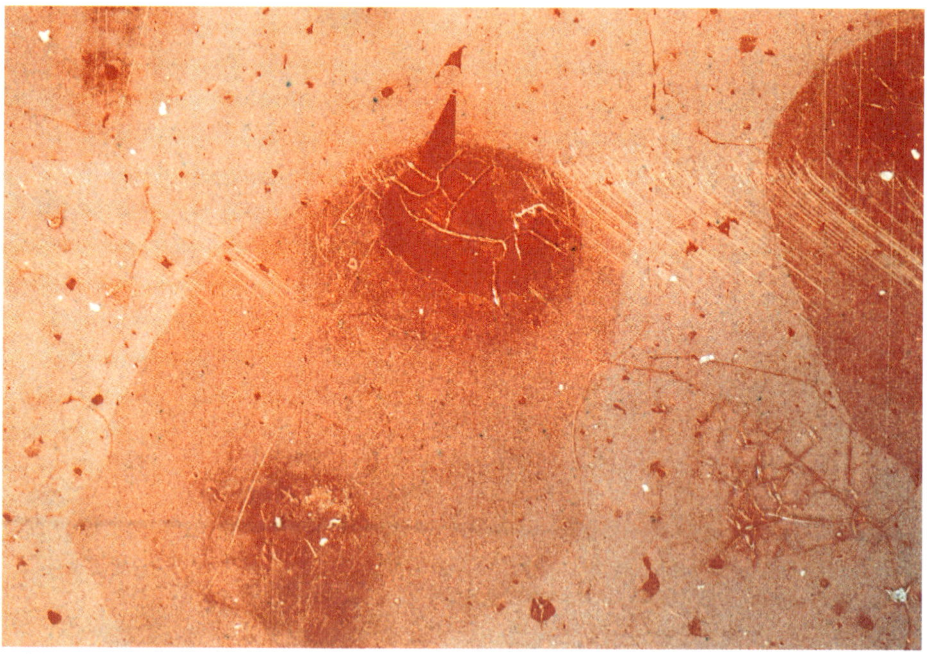

Bild 162.4 Vergrößerung ca. 40fach

Bild 163.1 Originalgröße

Bild 163.2 Originalgröße

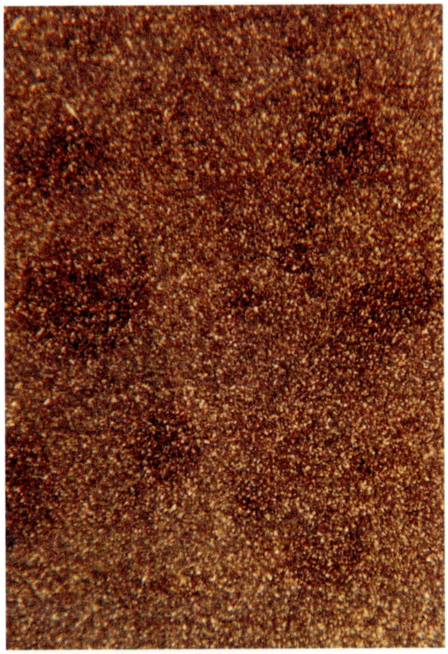

Bild 163.3 Vergrößerung ca. 10fach

5

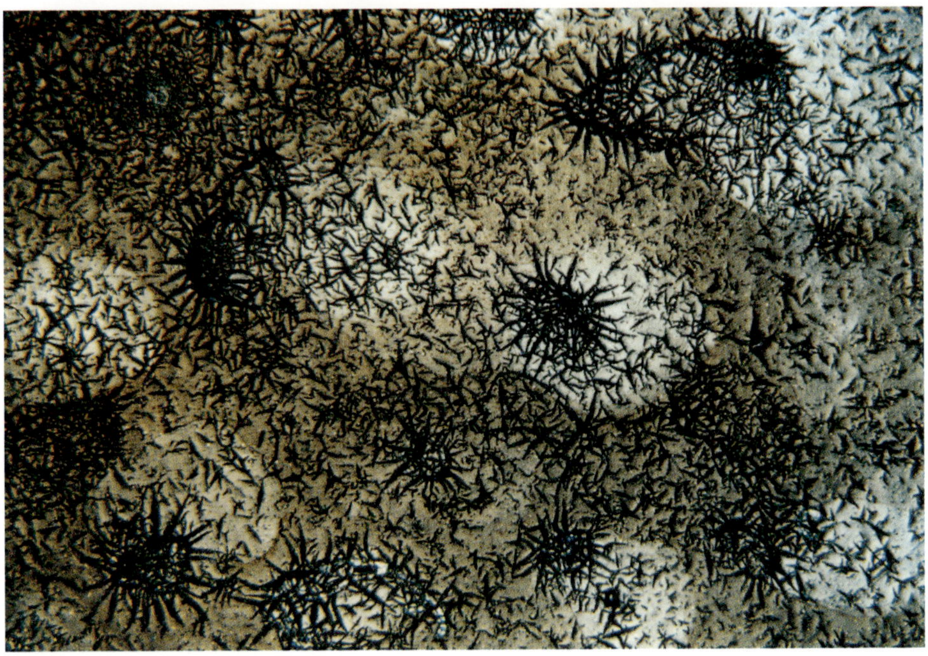

Bild 163.4 Vergrößerung ca. 15fach

Die auf den nächsten Seiten dargestellten Klarlackrisse sind homogener verteilt als die Beispiele auf den letzten Seiten. Diese Risse sind auch visuell als solche zu erkennen und nicht nur als Flecken.

Bild 165.1 bis Bild 165.4

Rißbildung in einem silbernen 2-Schicht-Metallic bei verschiedenen Vergrößerungen und verschiedenen Beleuchtungsarten. Die Risse breiten sich sternförmig aus und reichen mindestens bis zum Füller.

Bild 166.1 bis Bild 166.4

Klarlackoberfläche eines silbernen 2-Schicht-Metallic bei verschiedenen Vergrößerungen und verschiedenen Beleuchtungsarten. Hier markieren sich zum einen richtungslose Risse und zum anderen gerade, teilweise parallel zueinander verlaufende Risse.

Bild 167.1 bis Bild 167.4

Wie Bilder auf S. 166. Hier treten jedoch die parallel zueinander verlaufenden Risse nicht auf. Im Bereich der Risse zeigt der Klarlack eine leichte Aufwölbung. Dies ist ein Zeichen dafür, daß es in diesen Bereichen bereits zu Enthaftungen gekommen ist.

The clearcoat cracks shown on the following pages are distributed more homogeneously than those shown on the former pages. They are visually discernible as cracks and not as e.g. stains.

Fig. 165.1 to fig. 165.4

Crack formation in a silver two-coat metallic at various magnification ratios and using various kinds of illumination. The cracks spread like stars and reach at least down to the filler.

Fig. 166.1 to fig. 166.4

Clearcoat surface of a silver two-coat metallic at various magnification ratios and using various kinds of illumination. Here we see cracks spreading at random as well as linear, sometimes parallel cracks.

Fig. 167.1 to fig. 167.4

As the figures on page 166. There are no parallel cracks here. In the area of the cracks, the clear is slightly bent. This is a sign of loss of adhesion in these areas.

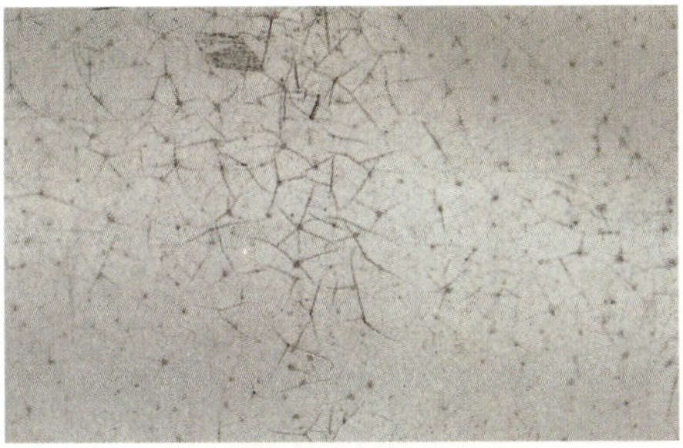

Bild 165.1 Originalgröße

Bild 165.2 Vergrößerung ca. 10fach

Bild 165.3 Vergrößerung ca. 15fach

Bild 165.4 Vergrößerung ca. 40fach

Bild 166.1 Originalgröße

Bild 166.2 Vergrößerung ca. 10fach

Bild 166.3 Vergrößerung ca. 15fach

Bild 166.4 Vergrößerung ca. 50fach

Bild 167.1 Originalgröße

Bild 167.2 Vergrößerung ca. 10fach

Bild 167.3 Vergrößerung ca. 15fach

5

Bild 167.4 Vergrößerung ca. 15fach

Auf den folgenden Seiten werden weitere Beispiele von Rißbildungen im Klarlack gezeigt.

Bild 169.1 bis Bild 169.4

Silberner 2-Schicht-Metallic bei verschiedenen Vergrößerungen und Beleuchtungsarten. Der Klarlack ist durchzogen mit feinsten Klarlackrissen. Auch hier haben sich die Klarlackränder an den Rissen bereits teilweise abgehoben.

Bild 170.1 bis Bild 170.4

Silberner 2-Schicht-Metallic bei verschiedenen Vergrößerungen und Beleuchtungsarten. Der Klarlack ist mit groben Rissen durchzogen, zwischen denen sich bereits kleinere Risse gebildet haben. Im Bereich der groben Risse ist teilweise der Klarlack mitsamt Basislack abgeplatzt, und der Füller liegt frei.

Bild 171.1 bis Bild 171.4

Brauner 2-Schicht-Metallic bei verschiedenen Vergrößerungen und Beleuchtungsarten. Die hier sichtbaren Risse haben aufgrund ihrer Form und Ausrichtung Ähnlichkeit mit Kratzern. Bei höheren Vergrößerungen erkennt man jedoch die starke Rißbildung, verbunden mit Abplatzungen im Randbereich der Risse.

The following pages show additional examples of crack formation in clearcoats.

Fig. 169.1 to fig. 169.4

Silver two-coat metallic at various magnification ratios and using various kinds of illumination. Tiny cracks run through the clear. Here, too, the clearcoat has come off at the edges.

Fig. 170.1 to fig. 170.4

Silver two-coat metallic at various magnification ratios and using various kinds of illumination. Large and smaller cracks run through the clear. In the areas marked by large cracks, parts of the clear including the basecoat have chipped off and the filler has been uncovered.

Fig. 171.1 to fig. 171.4

Brown two-coat metallic at various magnification ratios and using various kinds of illumination. The shape and orientation of the cracks shown here makes them look similar to scratches. At higher magnification ratios, however, the severe crack formation coupled with chipping in the edge area of the cracks becomes obvious.

Bild 169.1 Originalgröße

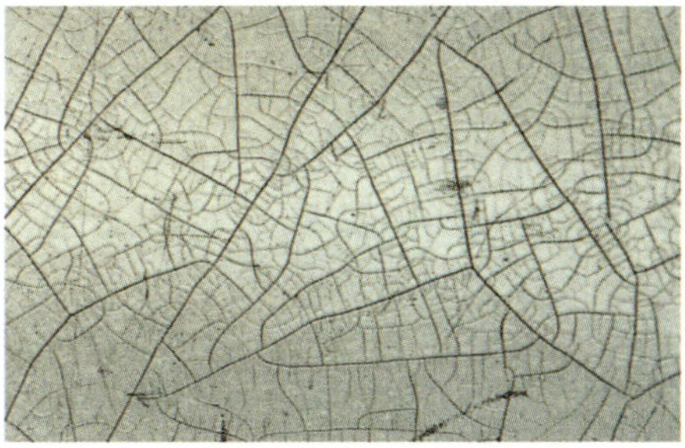

Bild 169.2 Vergrößerung ca. 10fach

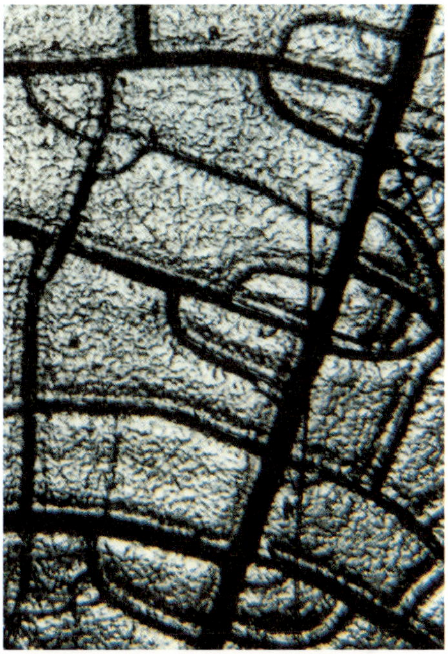

Bild 169.3 Vergrößerung ca. 15fach

Bild 169.4 Vergrößerung ca. 40fach

Bild 170.1 Originalgröße

Bild 170.2 Originalgröße

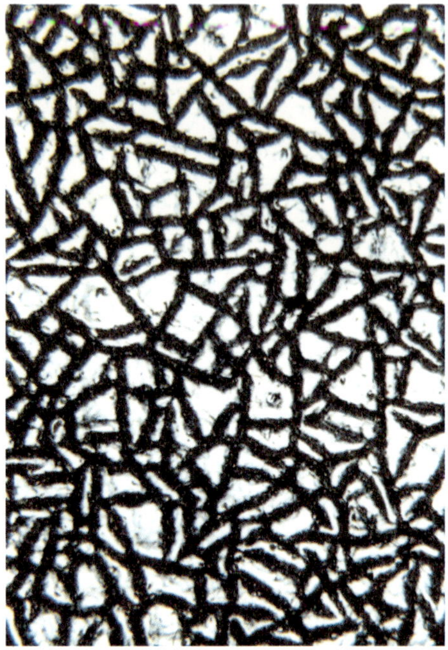

Bild 170.3 Vergrößerung ca. 15fach

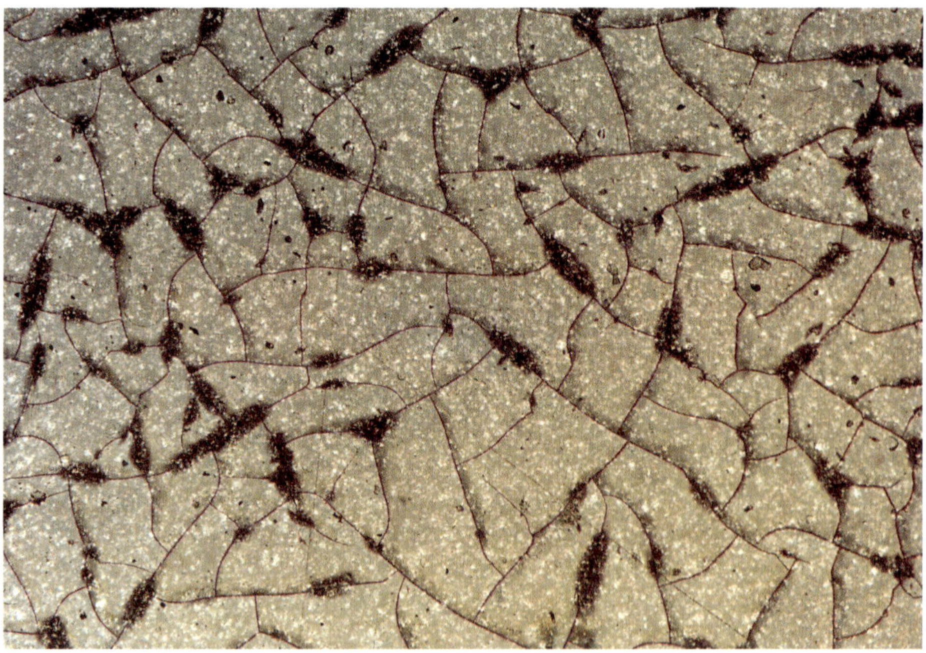

Bild 170.4 Vergrößerung ca. 40fach

Bild 171.1 Originalgröße

Bild 171.2 Originalgröße

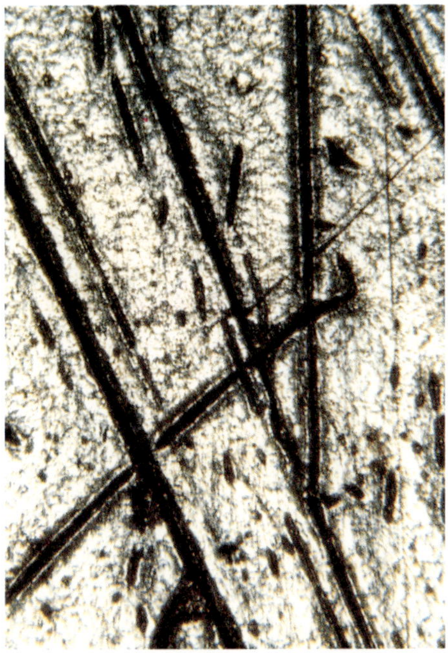

Bild 171.3 Vergrößerung ca. 15fach

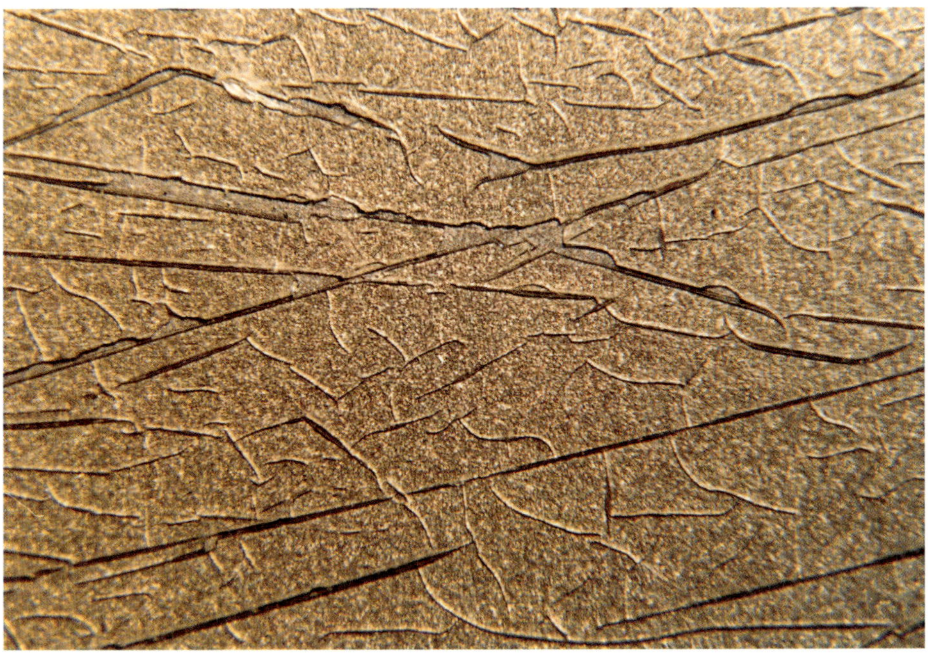

Bild 171.4 Vergrößerung ca. 10fach

Risse können auch von einer anderen Schadstelle im Lack verursacht werden. Auf der gegenüberliegenden Seite werden Risse dargestellt, die von einer Kochblase im Klarlack ausgehen.

Bild 173.1

Darstellung eines grünen 2-Schicht-Metallic in Originalgröße und Reflexbeleuchtung. Sichtbar sind strich- bzw. sternförmige Strukturen in der Klarlackoberfläche. In der Mitte dieser Schadstellen ist ein feiner dunkler Punkt sichtbar.

Bild 173.2

50fache Vergrößerung einer der o. g. Schadstellen. In dieser Vergrößerung ist die Kochblase im Klarlack eindeutig zu erkennen. Von diesem Kocher gehen die Risse sternförmig aus.

Bild 173.3

Wie Bild 173.2, jedoch mit Koaxialbeleuchtung.

Cracks can also be caused by another damaged area in the paint. The right page shows cracks starting from a blister in the clearcoat.

Fig. 173.1

Reproduction of a green two-coat metallic in original size and under reflex illumination. The linear and star-shaped structures in the clearcoat surface are clearly discernible here. In the centres of these damaged areas, there is a tiny dark spot.

Fig. 173.2

50x magnification of one of the a/m damages. This magnification clearly shows the blister in the clear. This blister is the starting point of the cracks spreading in star shape.

Fig. 173.3

As figure 173.2, but under coaxial illumination.

Bild 173.1 Originalgröße

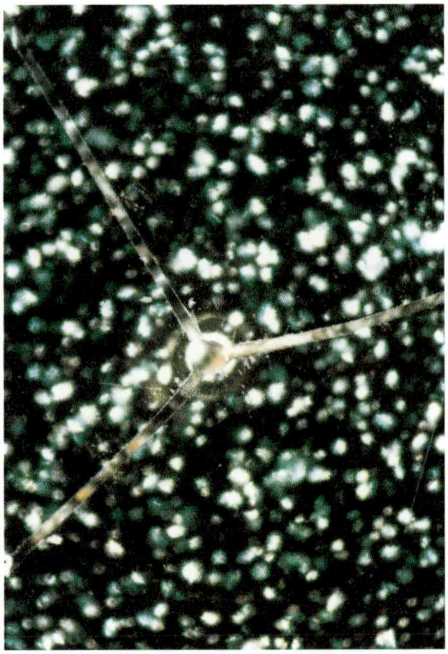

Bild 173.2 Vergrößerung ca. 50fach

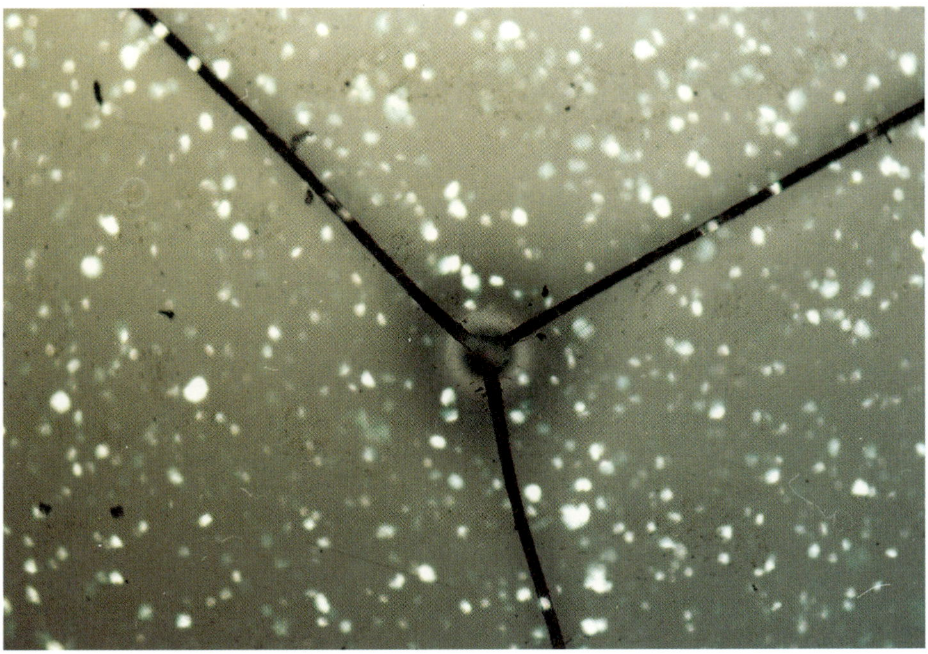

Bild 173.3 Vergrößerung ca. 50fach

Mechanische Schäden
Mechanical damage

KAPITEL 6

6 Mechanische Schäden

Dieses Kapitel befaßt sich mit Schäden, die durch mechanische Beanspruchung entstanden sind.

Einen großen Bereich nimmt das Thema Steinschlag ein. Steinschlagschäden treten an jedem Fahrzeug auf. Früher nur am Kühlerbereich und an den Kotflügeln. Aufgrund der Entwicklung von Fahrzeugen mit immer niedrigeren Luftwiderstandswerten ist es bei neuen Modellen auch möglich, Steinschlagschäden auf dem Dach oder dem Kofferraumdeckel vorzufinden. Außerdem findet man auch vereinzelte Schäden an den Seitenflächen, die durch Streufahzeuge und Gegenverkehr verursacht wurden.

In der Lackindustrie werden eine Vielzahl von Entwicklungen gemacht und entsprechende Tests vorgenommen, um den Lackaufbau gegenüber Steinschlag möglichst resistent zu machen. Hierzu zählt die Entwicklung besonders flexibler Zwischenschichten, die den Aufprall der Steinchen abfangen und somit ein Durchschlagen bis zum Substrat verhindern sollen.

Die Steinschlagfestigkeit ist ein Freigabekriterium für einen Lack und wird von der Automobilindustrie mit Nachdruck verlangt. Einige Fahrzeughersteller haben eigene Testmethoden, um den Lack auf Steinschlagfestigkeit zu überprüfen. Mehrere dieser Tests werden auf den folgenden Seiten kurz erläutert.

Differenziert wird grundsätzlich zwischen Monosteinschlag und Multisteinschlag. Bei ersterem wird ein definierter Körper mit definierter Kraft bei definierten Temperaturen auf die zu testende Lackoberfläche gebracht. Beim

6 Mechanical damage

This chapter deals with damages caused by mechanical wear and tear.

A major topic in this respect is stone-chip damage. Stone-chip damage occurs on any vehicle. In the past, these damages were found in the radiator area and at the fenders. Due to the development of vehicles with lower aerodynamic resistance values, recent models may have stone-chip damages on the roof or the trunk lid, too.

The paint industry has invested heavily in research and development activities in order to make the paint build-up more resistant to stone-chip damage. This includes the development of particularly flexible intermediate coats which absorb the impact of the stone and avoid that it reaches down to the substrate.

The resistance to stone-chip damage is one criterion for the release of a paint that is heavily demanded by the automotive industry. Some car manufacturers check the paint's stone-chip resistance by their own testing procedures. Some of these tests are explained in brief on the following pages.

A basic distinction is made between mono stone-chip and multiple stone-chip damage. In the first case, a defined body is applied to the paint surface with a defined force at defined temperatures. In the case of multiple stone-chip, a certain amount of iron chips or gravel is applied to the paint surface. The analysis is made on the basis of the size of the chippings and the location of the loss of adhesion within the paint build-up.

The topic of washing scratches will be dealt with in this chapter, too. The

Multisteinschlag werden im Gegensatz zum Monosteinschlag eine abgestimmte Menge Eisenschrot oder Kies auf die Lackoberfläche gebracht. Die Größe der Abplatzungen und der Ort der Enthaftung innerhalb des Lackaufbaues sind die Beurteilungskriterien.

Ebenfalls in diesem Kapitel werden Waschkratzer behandelt. Bei diesen handelt es sich um Markierungen im Lack, die durch die Bearbeitung der Lackoberfläche mit Reinigungsmaterial entstehen. Bei der Reinigung setzen sich feinste, teilweise aus sehr hartem Siliziumdioxid (grundsätzlich härter als Lack) bestehende Staubpartikel zwischen Reinigungsmittel und Lackoberfläche und verursachen diese Kratzer. Durch Abspülen des groben Staubs bei der Vorwäsche (z.B. mit Dampfstrahler) können Kratzer reduziert werden.

Auch hier versucht die Lackindustrie, die Oberflächenhärte des Decklacks zu optimieren, was jedoch nur bedingt möglich ist, da eine gewisse Flexibilität des Decklacks für andere technologische Eigenschaften unbedingt erforderlich ist.

Ein weiterer Punkt dieses Kapitels ist das Thema Schmutzhaftung.

so-called washing scratches are marks in the paint caused by the treatment of the paint surface with cleaning agents. During the cleaning process, tiny dust particles (some of which are very hard silica particles) get between the cleaning agent and the paint surface and cause these scratches. The paint industry is trying to optimize the surface hardness of the topcoat. However, there are limits to this, because a certain flexibility of the topcoat is required for other technological quality.

Another item dealt with in this chapter is dirt adhesion.

6.1 Schmutzhaftung

Es gibt unterschiedliche Lackoberflächen, die mit gleichem Aufwand unterschiedlich gut zu reinigen sind. Große Differenzen treten zwischen 2-Schicht- und 1-Schicht-Systemen auf. 2K-Klarlacke sind grundsätzlich besser zu reinigen als 2K-Uni-Decklacke. Aber auch bei den Uni-Decklacken treten noch Unterschiede auf. Da pigmentierte Systeme an der Oberfläche leichter verwittern als Klarlacke, findet der Schmutz auf den angewitterten Oberflächen besseren Halt.

In der Regel sind die hartnäckigen Schmutzbeläge mit Polierpaste zu entfernen.

Bild 179.1

Oberfläche eines weißen Decklacks, der einen starken Schmutzbelag aufweist, in Originalgröße.

Bild 179.2

Schmutzbelag bei 15facher Vergrößerung und Schrägbeleuchtung. Zu erkennen sind eine Vielzahl von dunklen Partikeln, die sich auf der Lackoberfläche angelagert haben.

Bild 179.3

40fache Vergrößerung der o. g. Oberfläche. Bei dieser Vergrößerung werden auch noch einige Fasern sichtbar.

6.1 Dirt adhesion

Some paint surfaces are better to clean than others. There are big differences between two-coat and one-coat systems. Basically, 2K clears are generally better to clean than 2K solid-coloured topcoats. But among solid-coloured topcoats, there are differences, too. Pigmented systems are more prone to weathering than clears, and dirt adheres much better to weathered surfaces.

Stubborn dirt deposits can usually be removed with polishing paste.

Fig. 179.1

Surface of a white topcoat heavily covered with dirt in original size.

Fig. 179.2

Dirt deposit at 15x magnification and under oblique illumination. A large number of dark particles has deposited on the paint surface.

Fig. 179.3

40x magnification of the a/m surface. This magnification also shows some fibres.

Bild 179.1 Originalgröße

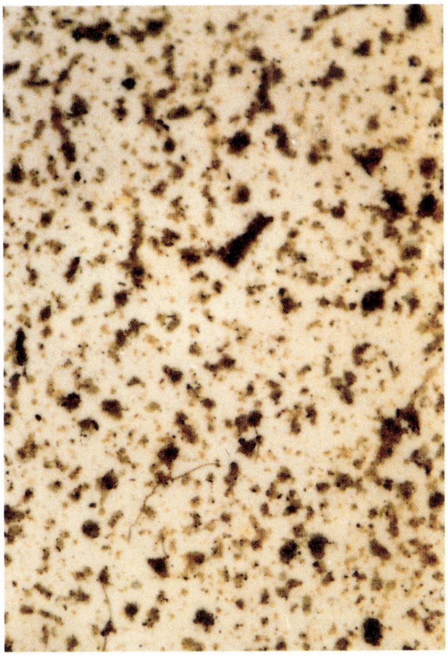

Bild 179.2 Vergrößerung ca. 15fach

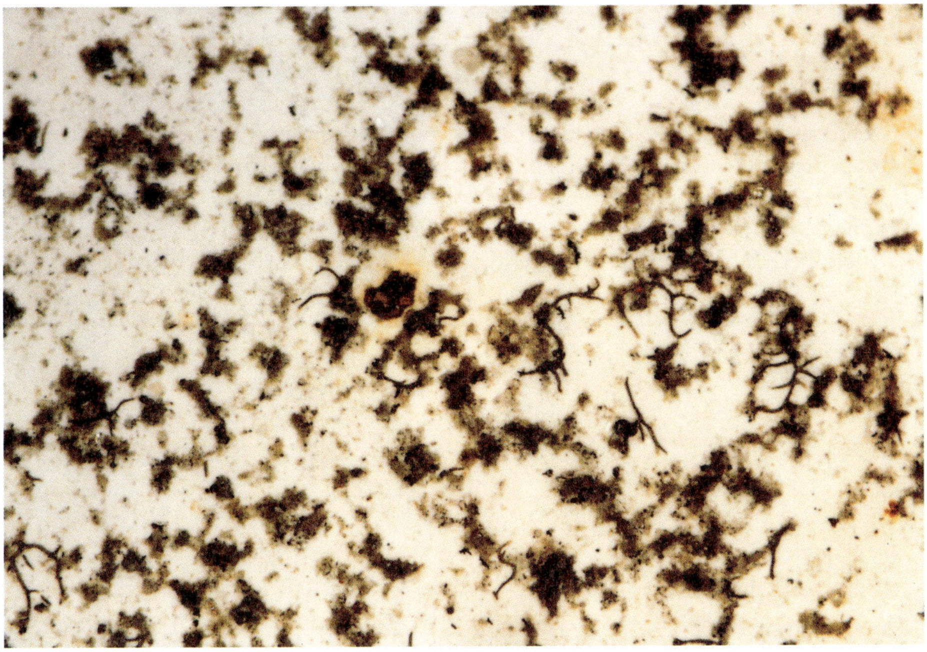

Bild 179.3 Vergrößerung ca. 40fach

6.2 Steinschlag

Bei Steinschlagschäden ist es sehr wichtig, daß die Schädigung nicht bis zum Blech reicht, da sonst eine Unterrostung nicht zu verhindern ist. Daher ist es entscheidend, daß die Wucht des Aufpralls bereits im Decklack oder im Füller abgefangen wird. Falls bei einem Steinschlagschaden nur der Decklack vom Füller abgeplatzt ist, kann ein Korrosionsschutz weiter gewährleistet werden. Zusätzlich werden bei der Serienlackierung noch farbige Füller eingesetzt, damit auch die Optik durch Steinschlagschäden nicht zu stark leidet.

Bild 181.1

Verkleinerte Darstellung von Steinschlagschäden im Frontbereich eines Fahrzeugs. Sichtbar sind kleine weiße Punkte, die durch die Enthaftung des Decklacks vom Füller entstanden sind.

Bild 181.2

Rasterelektronenmikroskopische Aufnahme eines Steinschlagschadens in ca. 100facher Vergrößerung. Bei dieser Darstellungsvariante wird die Zerstörung der Lackoberfläche besonders deutlich.

6.2 Stone-chip damage

In the case of stone-chip damage, it is particularly important that the damage does not reach down to the sheet metal, because otherwise rusting from beneath cannot be avoided. Therefore the impact of the stone-chips must be absorbed in the topcoat or the filler. If the stone-chip damage caused only the topcoat to chip off from the filler, corrosion protection can still be guaranteed. In factory finishing, coloured fillers are used to maintain the visual impression even after stone-chip damage.

Fig. 181.1

Reduced reproduction of stone-chip damage at the front of a vehicle. There are small white dots caused by the loss of adhesion of the topcoat.

Fig. 181.2

Scanning electron microscope reproduction of a stone-chip damage at approx. 100x magnification. This reproduction shows the destruction of the paint surface particularly clearly.

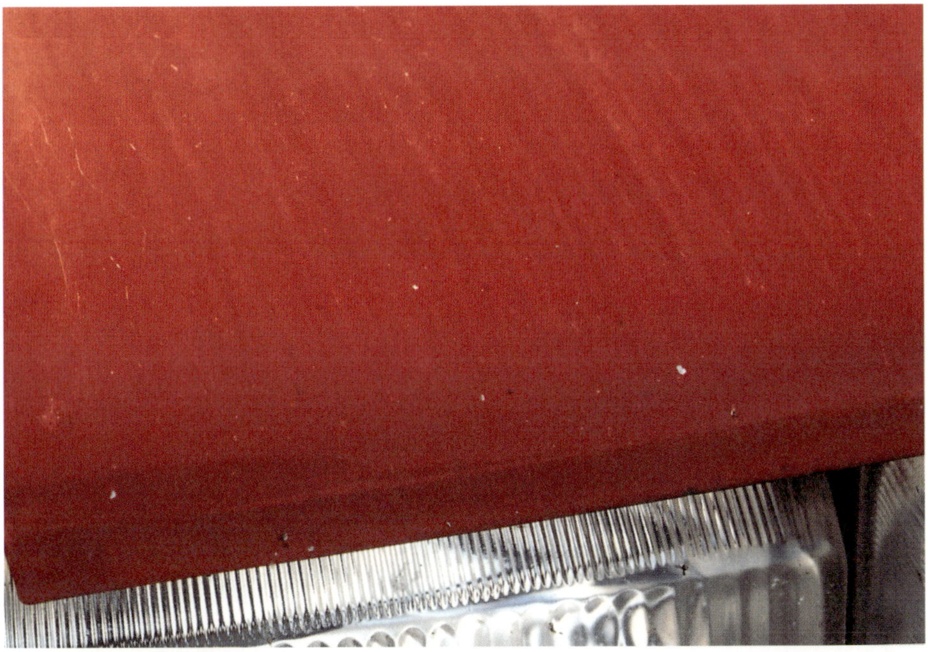

Bild 181.1 Verkleinerte Darstellung

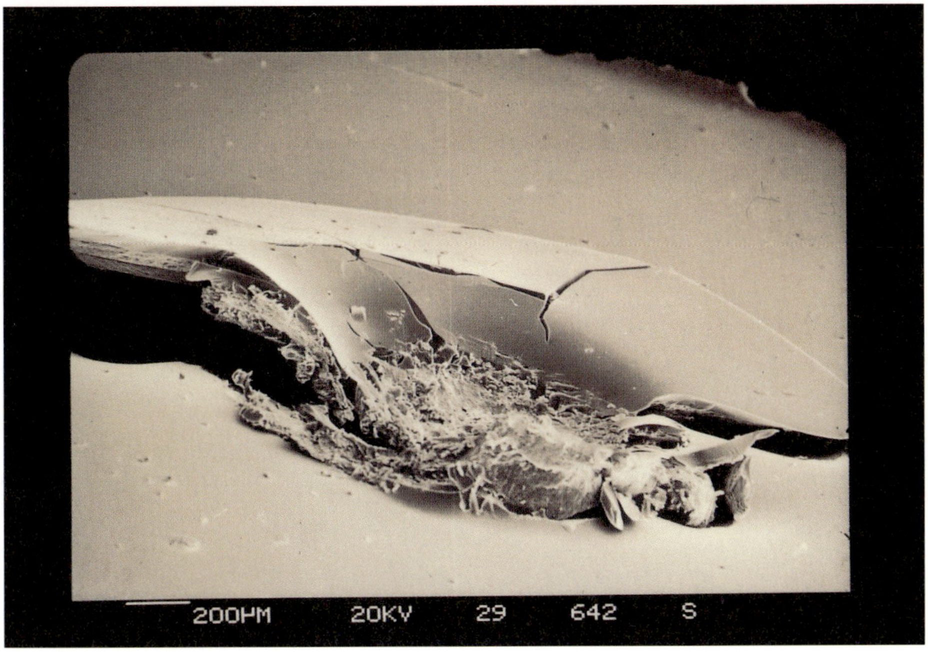

Bild 181.2 Vergrößerung ca. 100fach

Um zu verdeutlichen, was in einer Lackschicht bei einer Steinschlagschädigung geschieht, werden auf der gegenüberliegenden Seite zwei Steinschläge bei verschiedenen Vergrößerungen im Querschliff dargestellt.

Bild 183.1

50fache Vergrößerung einer Steinschlagschädigung im Querschliff. Deutlich zu erkennen ist die Zerstörung des gesamten Lacksystems. Der weiße Decklack ist mehrfach vertikal gerissen. Der beige Füller ist sowohl vertikal als auch horizontal gerissen. Der schwarze KTL ist zwar nicht gerissen, hat sich aber partiell vom Substrat gelöst. Außerdem ist eine starke Deformation des Blechs zu beobachten.

Bild 183.2

125fache Vergrößerung eines weiteren Steinschlagschadens im Querschliff. Auch hier ist eine starke Schädigung des Decklacks und des Füllers sichtbar. Der KTL weist keine Schädigungen auf.

In diesem Fall wurde die gesamte Aufprallenergie im Füller abgefangen. Eine Unterrostung ist hier vorläufig nicht zu befürchten.

The right page shows two cross-sections of stone-chip damages at different magnification ratios in order to show the process triggered off in the paint coat by a stone-chip damage.

Fig. 183.1

50x magnification of a cross-section of a stone-chip damage. It is clearly visible that the complete paint system has been destroyed. There are several vertical cracks in the white topcoat. The beige filler is marked by vertical and horizontal cracks. The black cathodic dip-paint has no cracks, but parts of it have chipped off the substrate. Moreover, the panel shows severe deformations.

Fig. 183.2

125x magnification of a cross-section of another stone-chip damage. Here, too, the topcoat and the filler have been damaged severely. The cathodic dip-paint shows no damages. In this case, the complete impact energy was absorbed by the filler. For the time being, rusting from beneath is not expected.

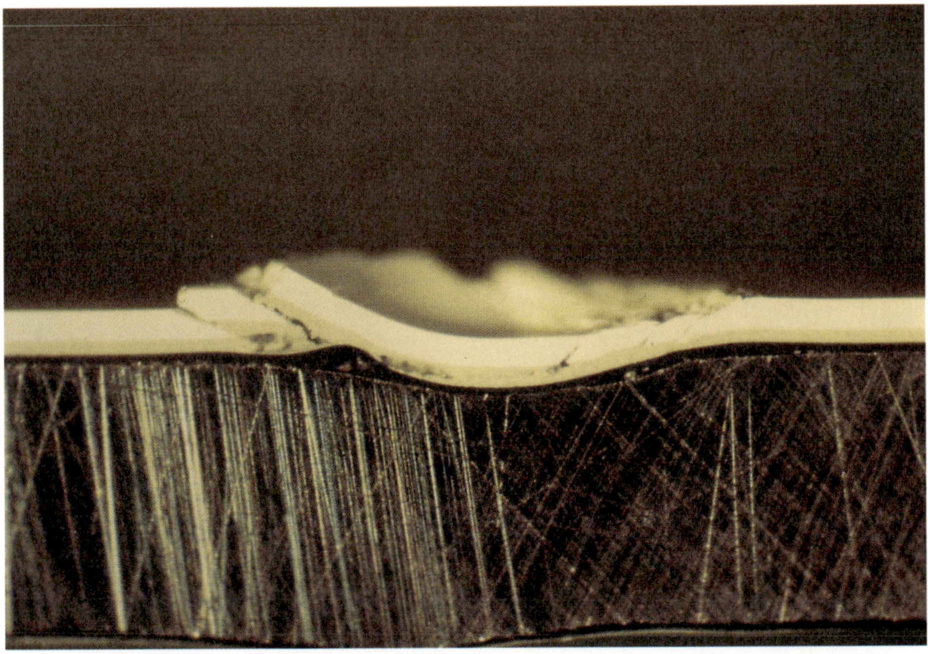

Bild 183.1 Vergrößerung ca. 50fach

Bild 183.1 Vergrößerung ca. 125fach

6

Auf den folgenden Seiten werden zwei Beispiele für einen Monosteinschlag-Test gezeigt. Diese Tests werden, wie bereits erwähnt, mit speziellen Geräten unter genormten Bedingungen vorgenommen.

Bild 185.1

Darstellung eines Schadensbildes nach einem Monosteinschlag-Test in Originalgröße und bei Schrägbeleuchtung. Zu erkennen sind stecknadelkopfgroße weiße Punkte. Hier hat sich nach der mechanischen Belastung der Lack gelöst, und der Untergrund schimmert durch.

Bild 185.2

Wie Bild 185.1, jedoch mit Reflexbeleuchtung. Bei dieser Beleuchtungsvariante wird die Deformation des Substrats sichtbar.

Bild 185.3

40fache Vergrößerung einer einzelnen Einschlagstelle. Sichtbar wird ein bis zum Füller reichendes, fast kreisrundes Loch im 2-Schicht-Metallic.

The following three pages show examples of a mono stone-chip test. As mentioned before, this test is carried out with special devices under standardized conditions.

Fig. 185.1

Original-size reproduction of a damage after a mono stone-chip test under oblique illumination. The picture shows pinhead-sized white dots where the paint has chipped off due to the mechanical strain and the filler shines through.

Fig. 185.2

As figure 185.1 but under reflex illumination. In this kind of illumination, the deformation of the substrate becomes obvious.

Fig. 185.3

40x magnification of an impact hole. The almost circular hole in the two-coat metallic reaches down to the filler.

Bild 185.1 Originalgröße

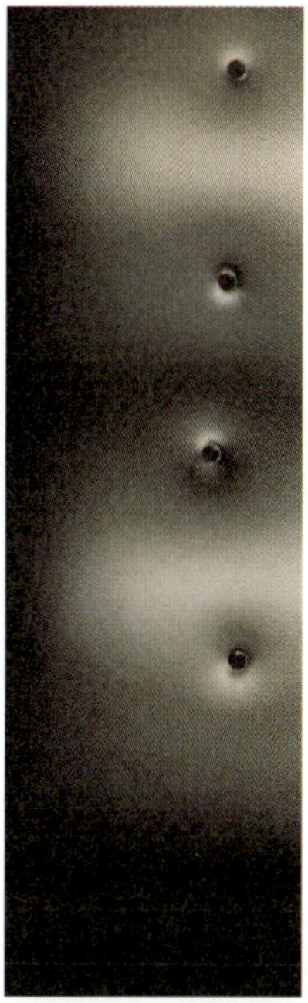

Bild 185.2 Originalgröße

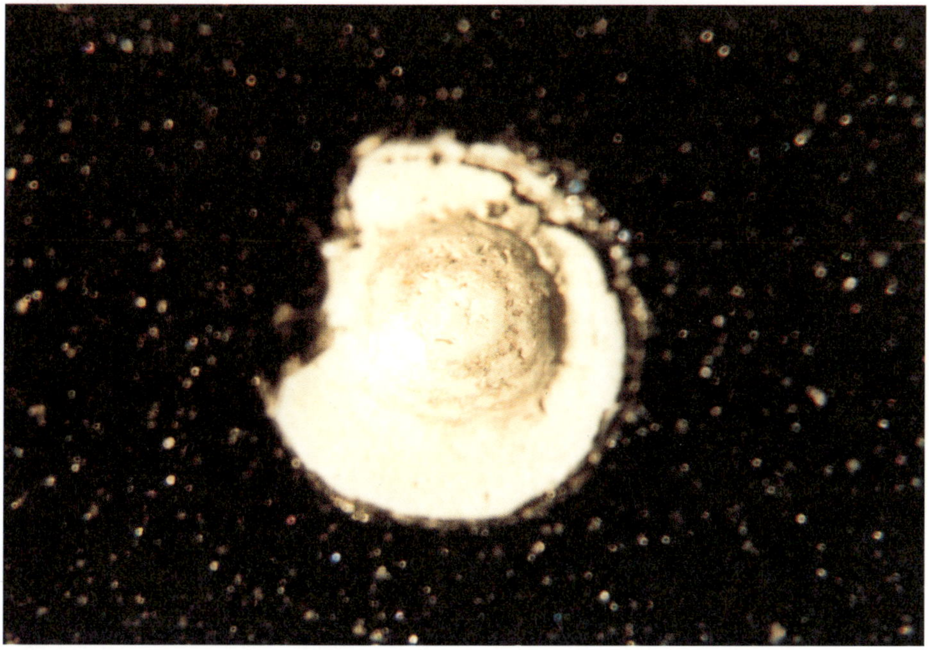

Bild 185.3 Vergrößerung ca. 40fach

Auf der gegenüberliegenden Seite ist ein weiteres Beispiel eines Monosteinschlag-Tests abgebildet.

Bild 187.1

Aufnahme eines Schadensbildes, hervorgerufen durch einen Monosteinschlag-Test, in Originalgröße und Schrägbeleuchtung. Sichtbar sind ovale Abplatzungen des Decklacks.

Bild 187.2

Wie Bild 187.1, jedoch mit Reflexbeleuchtung. Im Gegensatz zu dem Schadensbild auf der vorherigen Seite liegt hier keine Blechdeformation vor.

Bild 187.3

15fache Vergrößerung einer einzelnen Schadstelle. Der Basislack hat sich zusammen mit dem Klarlack von dem Füller gelöst. Im Zentrum der Störung schimmert leicht die Grundierung durch.

The right page shows another example of a mono stone-chip test.

Fig. 187.1

Original-size reproduction of a damage caused by a mono stone-chip test under oblique illumination. Oval parts of the topcoat have chipped off.

Fig. 187.2

As fig. 187.1 but under reflex illumination. In contrast to the damage reproduction on the previous page, the panel has not been deformed.

Fig. 187.3

15x magnification of a damaged area. The basecoat and the clearcoat have chipped off the filler. In the centre of the damage, the primer shines through lightly.

Bild 187.1 Originalgröße

Bild 187.2 Originalgröße

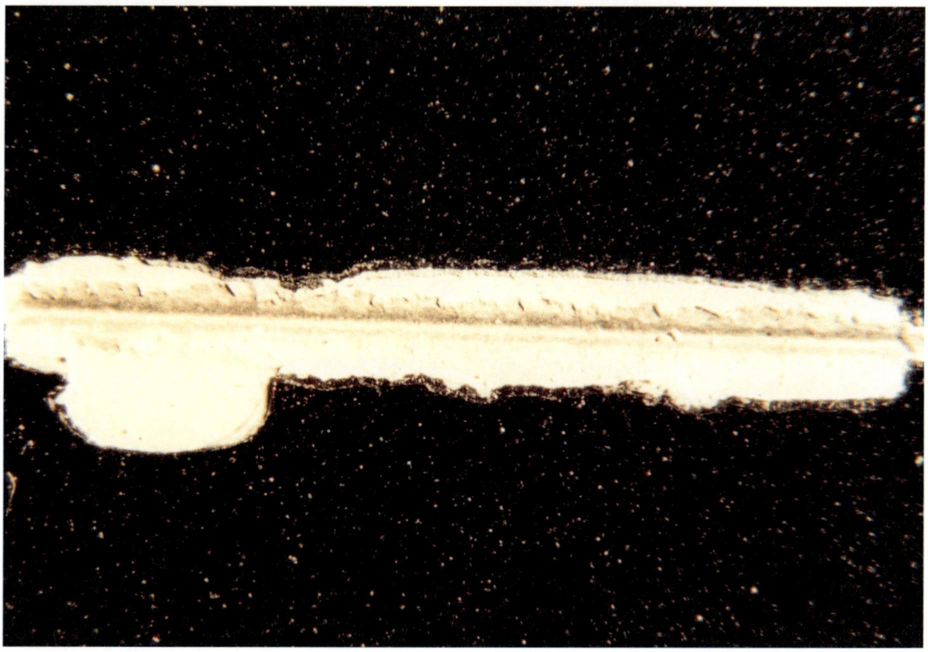

Bild 187.3 Vergrößerung ca. 15fach

Die nächsten Seiten zeigen die Folgen von Multisteinschlag. Hierbei werden, wie bereits erwähnt, eine bestimmte Menge Schrot oder Kies unter definierten Bedingungen mit Preßluft auf die Lackoberfläche geschossen. Bewertet wird auch im diesem Fall der Prozentsatz der abgeplatzten Decklackfläche.

Bild 189.1

Darstellung eines Schadensbildes, hervorgerufen durch einen Multisteinschlagtest, in Originalgröße und bei normaler Beleuchtung. Sichtbar sind in einem Quadrat eine Vielzahl von Einschlägen in der Lackschicht. Über die Tiefe der Einschläge kann nur eine Vergrößerung Auskunft geben.

Bild 189.2

40fache Vergrößerung eines einzelnen Einschlags. Hier ist der Klarlack mit dem Basislack von dem orangefarbenen Füller abgeplatzt. Reste einiger Aluminiumteilchen haften noch auf dem Füller. Im Zentrum des Einschlags ist auch der farbige Füller abgeplatzt und hat den Weg zur Grundierung freigegeben.

Bild 189.3

10fache Vergrößerung von Einschlägen in einem anthrazitfarbenen 2-Schicht-Metallic in Schrägbeleuchtung. Der Decklack hat sich partiell vom Füller abgelöst.

The following pages deal with the topic of multiple stone-chip damage. As mentioned before, a certain amount of iron chips or gravel is shot with pressurized air onto the paint surface under defined conditions. Here, too, the analysis is based on the percentage of the topcoat area that has chipped off.

Fig. 189.1

Original-size reproduction of a damage caused by a multiple stone-chip test under normal illumination. In one square, there is a large number of impact holes in the paint coat. The depth of the impact can be assessed only by a magnified reproduction.

Fig. 189.2

40x magnification of a single impact. Here the clear and the basecoat have chipped off from the orange filler. Residues of some aluminium particles continue to adhere to the filler. In the centre of the impact, the coloured filler has chipped off, too, and thus uncovered the primer.

Fig. 189.3

10x magnification of impacts in an anthracite-coloured two-coat metallic using oblique illumination. Parts of the topcoat have chipped off the filler.

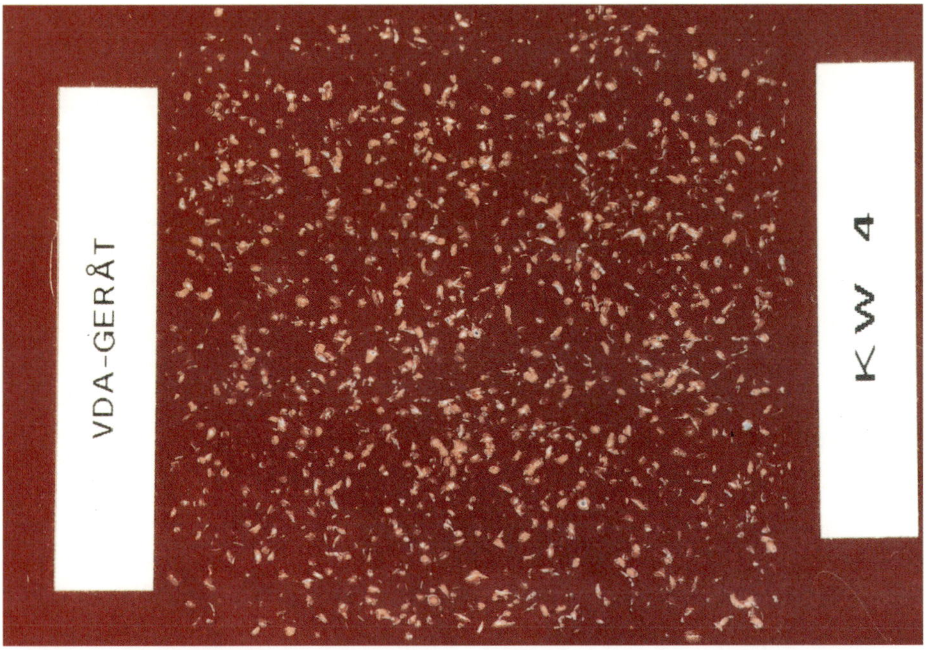

Bild 189.1 Originalgröße

Bild 189.2 Vergrößerung ca. 40fach

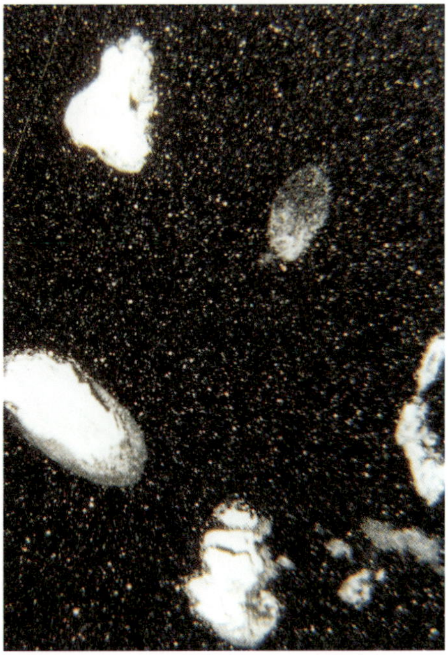

Bild 189.3 Vergrößerung ca. 10fach

Der nächste Multisteinschlagtest weist im Gegensatz zum Vorherigen eine runde Testfläche auf. Auch hier wird der Prozentsatz der abgeplatzten Fläche beurteilt.

Bild 191.1

Darstellung des Schadensbildes in Originalgröße und Schräglicht. Wie oben erwähnt findet man hier eine runde Testfläche vor. Der Grad der Enthaftung nimmt zum Zentrum der Testfläche hin zu.

Bild 191.2

10fache Vergrößerung des Schadensbildes. Auf der überwiegend freiliegenden Fülleroberfläche haften noch Fragmente des Basis- bzw. Klarlacks. An einigen Stellen ist auch der Füller abgeplatzt, und die Grundierung ist zu erkennen.

Bild 191.2

40fache Vergrößerung der o. g. Schädigung. Hier werden die Bereiche deutlich, in denen die Grundierung freiliegt.

In contrast to the previous test, the next multiple stone-chip test was carried out on a round test area. Here, too, the assessment is based on the percentage of the area that has chipped off.

Fig. 191.1

Reproduction of a damage in original size and under oblique illumination. As mentioned above, the test area is round. The degree of loss of adhesion increases towards the centre of the test area.

Fig. 191.2

10x magnification of the damage area. The filler surface has been uncovered to a large extent. Fragments of the basecoat and clear continue to adhere to it. In some areas, the filler has chipped off and the primer shines through.

Fig. 191.3

40x magnification of the a/m damage. This reproduction clearly shows the areas where the primer has been uncovered.

Bild 191.1 Originalgröße

Bild 191.2 Vergrößerung ca. 10fach

Bild 191.2 Vergrößerung ca. 40fach

6.3 Waschkratzer

Die Ursachen der Waschkratzer wurden bereits am Kapitelanfang beschrieben. Wichtig ist die Tatsache, daß es keinen absolut kratzresistenten Lackfilm gibt, der auch die Flexibilität aufweist, um andere technologischen Bedingungen zu erfüllen. Die Kratzer fallen vor allem bei dunklen Farbtönen auf, wenn man diese im Reflex begutachtet. Auch zwischen farbidentischen 1-Schicht- und 2-Schicht-Systemen gibt es Unterschiede. Bei einem 1-Schicht-Schwarz sind die Kratzer weitaus besser sichtbar als bei einem 2-Schicht-Schwarz.

Bild 193.1

Darstellung einer verkratzten Lackoberfläche in Originalgröße. Die Kratzer erscheinen als feine schwarze Striche, da sich in diesen Unebenheiten besonders leicht feinster Schmutz ansammelt. Bei dunklen Farbtönen erscheinen diese Kratzer nur im Reflex, aber dafür weitaus stärker.

Bild 193.2

Wie Bild 193.1, jedoch mit Reflexbeleuchtung. Auch hier sind die Kratzer ohne optische Hilfsmittel sichtbar.

Bild 193.3

10fache Vergrößerung der beschädigten Oberfläche. Eindeutig sichtbar sind überwiegend gerade und teilweise parallel zueinander verlaufende Kratzer, die in der Regel in Waschstraßen entstehen. Bei einer manuellen Reinigung, die normalerweise mit kreisenden Bewegungen vorgenommen wird, beschreiben diese Kratzer Bögen und Kreise.

6.3 Washing scratches

The causes of washing scratches have been described at the beginning of this chapter. It is important to note that there is no absolutely scratch-resistant paint film which is also flexible enough to fulfil other technological requirements. The scratches are especially striking on dark colour shades assessed under reflex illumination.

There are also differences between seemingly identical one-coat and two-coat systems. Scratches can be seen much more clearly on a one-coat black finish than on a two-coat black.

Fig. 193.1

Reproduction of a scratched paint surface in original size. The scratches appear as thin black lines because dirt accumulates easily in these uneven areas. On dark colour shades, these scratches are discernible only in the reflex, but with a much stronger manifestation.

Fig. 193.2

As figure 193.1, but under reflex illumination. Here, too, the scratches are discernible without optical devices.

Fig. 193.3

10x magnification of a damaged surface. Mainly linear and sometimes parallel scratches, caused usually by car washes, are clearly visible. Manual cleaning, normally carried out with circular movements, leaves scratches in the shape of curves and circles.

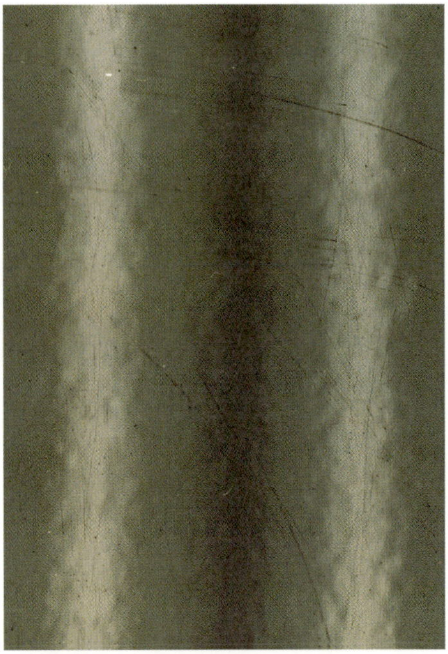

Bild 193.1 Originalgröße

Bild 193.2 Originalgröße

Bild 193.3 Vergrößerung ca. 10fach

Lackierfehler
Painting defects

KAPITEL 7

7 Lackierfehler

In diesem Kapitel werden Schäden behandelt, die unmittelbar mit Lackierarbeiten an Fahrzeugen zusammenhängen. Hier kann es sich sowohl um Serienlackierungen als auch um Reparaturlackierungen handeln.

Obwohl mittlerweile, sowohl in der Serienlackierung als auch in den Werkstätten, hochmoderne Lack- und Applikationstechnologien eingesetzt werden, sind Fehler bei der Verarbeitung von Lackmaterialien nicht auszuschließen.

Es werden eine Vielzahl von möglichen Fehlern fotografisch dokumentiert, die überwiegend bei Reparaturarbeiten gemacht werden.

Parallel dazu werden die Ursachen beschrieben, und es wird, wenn möglich, eine Reparaturempfehlung abgegeben.

7 Painting defects

This chapter deals with damages caused directly by finishing procedures carried out on the vehicle. These may be factory finishing procedures just as well as refinishing procedures. Most of the defects are caused by refinishing, however.

Even though bodyshops and OEM factories now work with state-of-the-art paint and application technologies, mistakes made during the application of paint materials cannot be ruled out completely.

The photographs in the last but one chapter of this book document a large number of possible mistakes.

Simultaneously, the causes are described and a repair recommendation is given.

7.1 Benetzungsstörungen/ Krater

Die Bezeichnung Benetzungsstörung ist der Überbegriff für alle Arten von groben Verlaufsstörungen. Diese können großflächig bis stecknadelkopfgroß sein. Bei kleinen partiellen Störungen spricht man in der Regel von Kratern und bei großflächigen von Benetzungsstörungen.

Solche Störungen können durch eine Vielzahl von Faktoren ausgelöst werden. Eine Hauptursache ist die Verschmutzung des Materials oder des Untergrunds mit lackunverträglichen Substanzen, wie z.B. Silicon, Öl, Fett, Wachs etc.

Diese Stoffe können beispielsweise durch die Spritzluft, durch die Kabinenluft oder durch kontaminierte Hände auf das Substrat bzw. in den Lack gelangen.

Die Schäden lassen sich, mit Ausnahme leichter Dellen, nur durch eine Neulackierung beheben. Flache Dellen lassen sich eventuell mit Schleifpaste beseitigen.

Bild 199.1 bis Bild 199.3

Beispiel einer Lackierung, die auf einem siliconverseuchten Untergrund vorgenommen wurde, bei verschiedenen Vergrößerungen und Beleuchtungsarten. Der Decklack hat sich in vielen Bereichen zusammengezogen und den Füller (grauer Untergrund) nicht abgedeckt.

7.1 Wetting defects/craters

«Wetting defects» is a generic term for all kinds of severe levelling defects which can be pinhead-sized or concern large areas. Small defects are usually called craters while defects concerning large areas are called wetting defects.

These defects can be caused by a large number of factors. The main cause is contamination of the material or the substrate with substances such as silicon, oil, grease, wax, etc., which are incompatible with paints.

These substances can get onto the substrate or into the paint through the injected air, the ambient spray booth air or by contaminated hands.

With the exception of small dents, these defects can only be removed by a complete respray. Flat dents may be removed with sanding paste.

Fig. 199.1 to fig. 199.3

Example of a finish applied to a substrate contaminated with silicon, at various magnification ratios and using various kinds of illumination. The topcoat has contracted in many areas leaving the filler uncovered (grey substrate).

Bild 199.1 Originalgröße

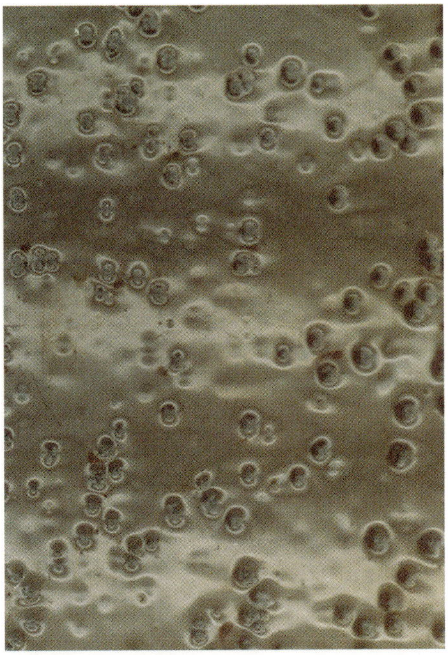

Bild 199.2 Originalgröße

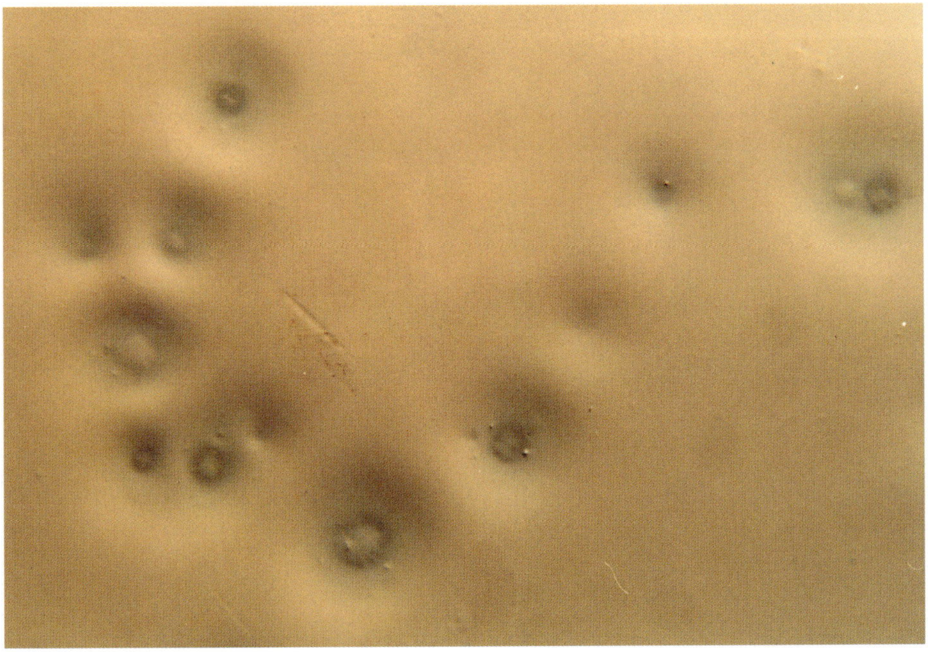

Bild 199.3 Vergrößerung ca. 10fach

7

Als nächstes Beispiel für eine massive Kraterbildung dient eine Klarlackapplikation auf einem siliconverseuchten Metallic-Basislack bzw. in einem roten Uni-Decklack.

Bild 201.1

Darstellung der Siliconkontamination in einem silbernen 2-Schicht-Metallic in Originalgröße und Reflexbeleuchtung. Deutlich sichtbar sind die Bereiche, in denen sich der Klarlack zusammengezogen hat und der Basislack nicht benetzt wurde.

Bild 201.2

Die hier in Originalgröße und Reflexlicht dargestellten leichten Dellen im Decklack sind ebenfalls Resultate der eingangs erwähnten Substanzen. Bei solchen Dellen, die teilweise nur 1 bis 2 μm Tiefe aufweisen, ist eine Bearbeitung mit Polierpaste eventuell möglich.

Bild 201.3

10fache Vergrößerung der in Bild 201.1 dargestellten Probe mit Koaxialbeleuchtung. Bei dieser Beleuchtungsvariante kommt die Struktur eines einzelnen Kraters sehr gut zum Vorschein.

The next example of massive crater formation is a clearcoat application to a metallic basecoat and a red solid-coloured topcoat contaminated by silicon.

Fig. 201.1

Original-size reproduction of the silicon contamination in a silver two-coat metallic under reflex illumination. The areas where the clear has contracted leaving the basecoat uncovered are clearly discernible.

Fig. 201.2

The light dents in the topcoat reproduced here in original size and under reflex illumination were caused by the a/m substances, too. Such dents, some of which are only 1 – 2 μm deep, can in some cases be repaired using polishing paste.

Fig. 201.3

10x magnification of the sample shown in fig. 201.1 under coaxial illumination. This kind of illumination clearly shows the structure of an individual crater.

Bild 201.1 Originalgröße

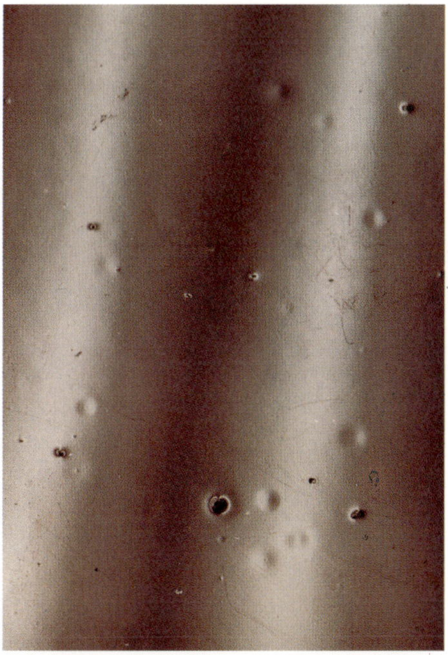

Bild 201.2 Originalgröße

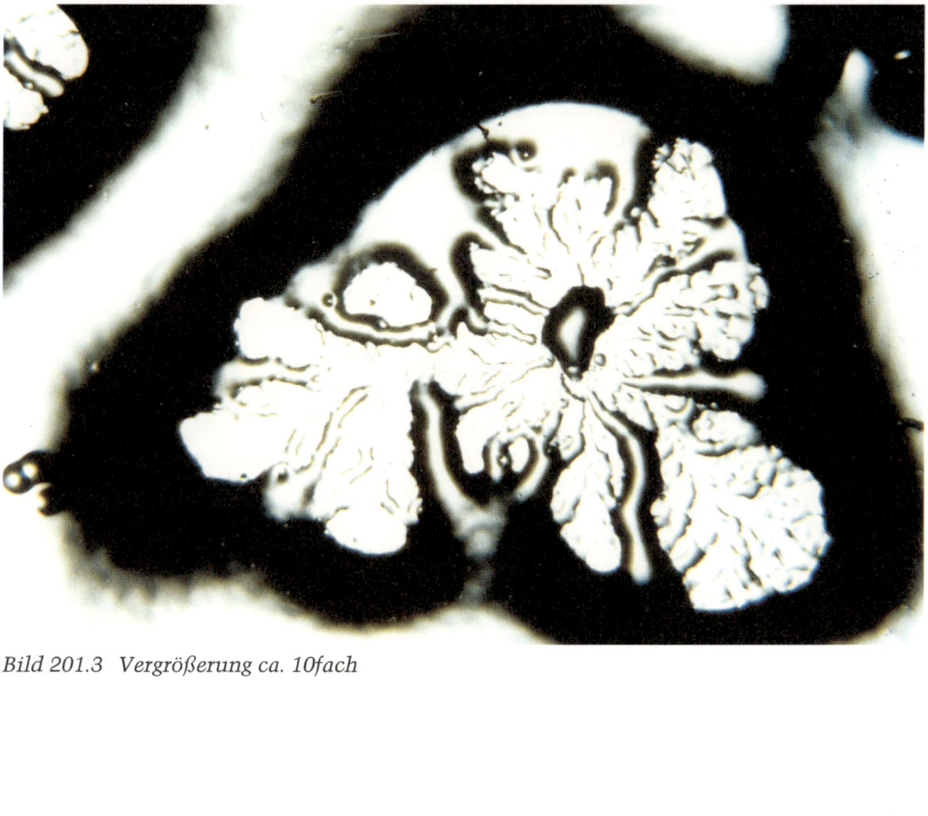

Bild 201.3 Vergrößerung ca. 10fach

Um eine Vorstellung davon zu bekommen, wie stark eine Schädigung im Falle eines Siliconkraters ist, wird ein Krater aus der Serienproduktion zu einem Querschliff präpariert (s. Kapitel 1). Ein Querschliff zeigt die Lackschicht im Querschnitt, und es ist möglich, den Verlauf der einzelnen Schichten zu verfolgen.

Bild 203.1

Aufsicht eines Siliconkraters in einem Füller bei 50facher Vergrößerung. Im Kraterzentrum liegt die Grundierung frei, und es markieren sich einige Füllerkügelchen. Bei den schwarzen Flecken handelt es sich um Spritznebeleinschlüsse eines anderen Materials im Füller.

Bild 203.2

Wie Bild 203.1, jedoch bei 250facher Vergrößerung.

Bild 203.3 und Bild 203.4

Querschliff des Kraters in 125facher (oben) bzw. 250facher (unten) Vergrößerung. An diesem Präparat wird sichtbar, daß nicht nur der Füller geschädigt ist, sondern auch die Grundierung, in diesem Falle eine kataphoretische Tauchgrundierung. Dies ist ein Zeichen dafür, daß Silicone wie auch Öle und aufgelöste Fette auch durch Lackschichten durchdiffundieren und in der nächsten Lackschicht ebenfalls für Störungen sorgen können.

In order to get an idea of the depth of the damage caused by a silicon crater, such a crater that occurred in factory-finishing is prepared as a cross-section (see chapter 1 «General») showing the individual paint coats.

Fig. 203.1

Top view of a silicon crater in a filler magnified 50x. In the centre of the crater, the primer has been uncovered and some small filler balls appear. The black stains are spray mist inclusions of a different material in the filler.

Fig. 203.2

As fig. 203.1, magnified 250x.

Fig. 203.3 and fig. 203.4

Cross-section of a crater at 125x and 250x magnification, respectively. This preparation shows that it is not only the filler that has been damaged, but the primer, too – in this case a cataphoretic dip-paint. This indicates that silicons, Oil and solved grease can diffuse through paint coats and damage the next paint coat, too.

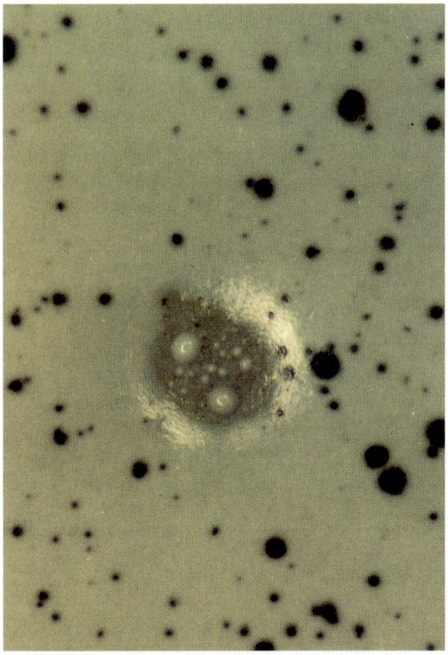

Bild 203.1 Vergrößerung ca. 50fach

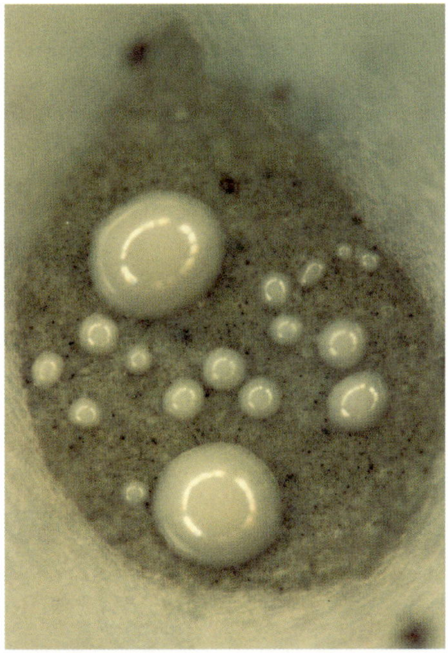

Bild 203.2 Vergrößerung ca. 125fach

Bild 203.3 Vergrößerung ca. 250fach

Das Thema Benetzungsstörungen spielt auch im Bereich der Kunststofflackierung eine große Rolle. Bei der Herstellung von Kunststoffteilen, z.B. Spoiler etc., werden immer häufiger interne und externe Trennmittel eingesetzt. Diese Kunststoffe müssen vor der Lackierung u.a. getempert und mit Verdünnung gereinigt werden, um keine Probleme bezüglich Haftung und Benetzung zu bekommen. Wenn ein Teil nach entsprechender Vorarbeit nur grundiert und erst nach einigen Tagen fertig lackiert wird, kann es in extremen Fällen (ohne Reinigung und nochmalige thermische Behandlung) zu nachfolgenden Schäden kommen.

Bild 205.1

3fache Vergrößerung einer Benetzungsstörung auf einem grundierten Kunststoffteil. In diesem Fall ist im Lauf mehrerer Wochen Trennmittel durch die bereits applizierte Grundierung diffundiert. Bei der anschließenden Decklackapplikation ist es dann zu diesen Störungen gekommen.

Bild 205.2

Wie Bild 205.1, jedoch bei 6facher Vergrößerung.

Bild 205.3

Anhand der 60fachen Vergrößerung ist das Zusammenziehen des Decklacks besonders gut zu erkennen.

Wetting defects are a major issue in the field of plastics refinishing, too. Internal release agents are increasingly used for the production of plastic parts, such as spoilers, etc. These plastics have to be tempered and cleaned with thinner to avoid adhesion and wetting problems. If a part is primed after suitable preparation and then finished after some days, the following damages may occur if the part has not been cleaned and tempered again before finishing.

Fig. 205.1

3x magnification of a wetting defect on a primed plastic part. In this case, release agent diffused through the primer for several weeks. The subsequent topcoat application caused these damages.

Fig. 205.2

As fig. 205.1, magnified 6x.

Fig. 205.3

The 60x magnification shows very clearly that the topcoat has contracted.

Bild 205.1 Vergrößerung ca. 3fach

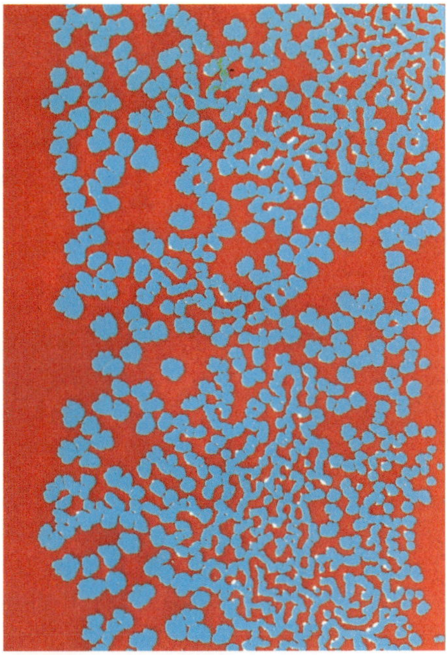

Bild 205.2 Vergrößerung ca. 6fach

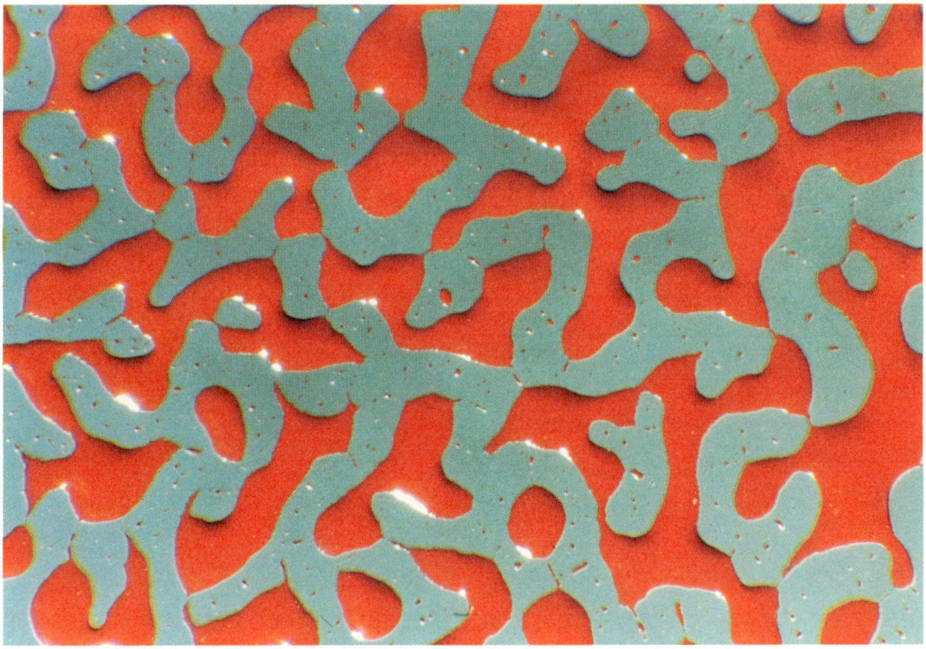

Bild 205.3 Vergrößerung ca. 60fach

Es kann ebenfalls zu Benetzungsstörungen kommen, wenn der Untergrund und das zu applizierende Material zu große Differenzen der Oberflächenspannungen aufweisen und die Oberflächenspannung des Substrats niedriger ist als die des Lackmaterials. Schäden dieser Art treten nie partiell, sondern flächig verteilt am ganzen Werkstück auf.

Wie solche Erscheinungsbilder aussehen, wird auf der folgenden Seite dokumentiert.

Bild 207.1

Darstellung einer Benetzungsstörung in einem braunen Decklack in Originalgröße. Der Decklack weist eine inhomogene Verteilung auf, mit dem Resultat, daß der Untergrund partiell nicht abgedeckt wird und durchschimmert.

Bild 207.2

Gleicher Bereich wie bei Bild 207.1, allerdings mit Reflexbeleuchtung. Deutlich sichtbar ist die stark strukturierte Oberfläche.

Bild 207.3

Verkleinerte Darstellung eines lackierten Spiegelgehäuses. In diesem Fall wurde auf den bereits eingebrannten Klarlack ein weiterer Klarlack mit einer höheren Oberflächenspannung appliziert. Das Ergebnis ist eine massive Verlaufsstörung. Das Problem kann durch Zusätze (Additive) im Naßmaterial behoben werden.

Wetting defects may also occur if there are large differences in the surface tension of the substrate and the material to be applied and if the surface tension of the substrate is lower than that of the paint material. Damages of this kind never occur on parts of the painted area, they are always found on the whole work piece.

The next page shows what these damages look like.

Fig. 207.1

Reproduction of a wetting defect in a brown topcoat in original size. The topcoat is inhomogeneously distributed so that parts of the substrate are not covered and shine through.

Fig. 207.2

The same area as in fig. 207.1 but under reflex illumination. The severely structured surface is clearly visible.

Fig. 207.3

Reduced reproduction of a painted mirror holder. In this case, the existing clearcoat was covered by another clear with a higher surface tension resulting in massive orange peel. The problem can be solved by supplementing the wet material with additives.

Bild 207.1 Originalgröße

Bild 207.2 Originalgröße

Bild 207.3 Verkleinerte Darstellung

7.2 Benetzungsstörungen/ Handcreme

Falls ein Lackierer sich zwischen den Arbeiten die Hände reinigt, eincremt und unmittelbar danach wieder mit Werkstücken in Berührung kommt, kann die auf den Substraten verbliebene Handcreme ebenfalls zu Benetzungsstörungen führen. Diese Störungen treten partiell auf und nur dort, wo das Werkstück mit den Händen berührt wurde.

Bild 209.1

Darstellung einer Schädigung, verursacht durch Handcreme, in Originalgröße und bei Reflexbeleuchtung. Deutlich sichtbar sind die einzelnen Fingerabdrücke die sich in Form von Dellen und Kratern in der Decklackoberfläche markieren.

Bild 209.2

10fache Vergrößerung eines Fingerabdrucks. Erkennbar sind eine Vielzahl von kreisrunden Dellen im Decklack, die sich teilweise perlschnurartig aneinanderreihen.

Bild 209.3

50fache Vergrößerung der o.g. Störung.

7.2 Wetting defects/ hand cream

If the refinisher washes his hands between the individual working procedures, uses hand cream and touches the work pieces immediately afterwards, the hand cream left on the substrates may also cause wetting defects. These defects occur only in the areas where the hands touched the work piece.

Fig. 209.1

Original-size reproduction of a defect caused by hand cream under reflex illumination. The individual finger prints marked as dents and craters in the topcoat surface are clearly visible here.

Fig. 209.2

10x magnification of a finger print. There is a large number of circular dents in the topcoat lined up like a string of pearls.

Fig. 209.3

50x magnification of the a/m defect.

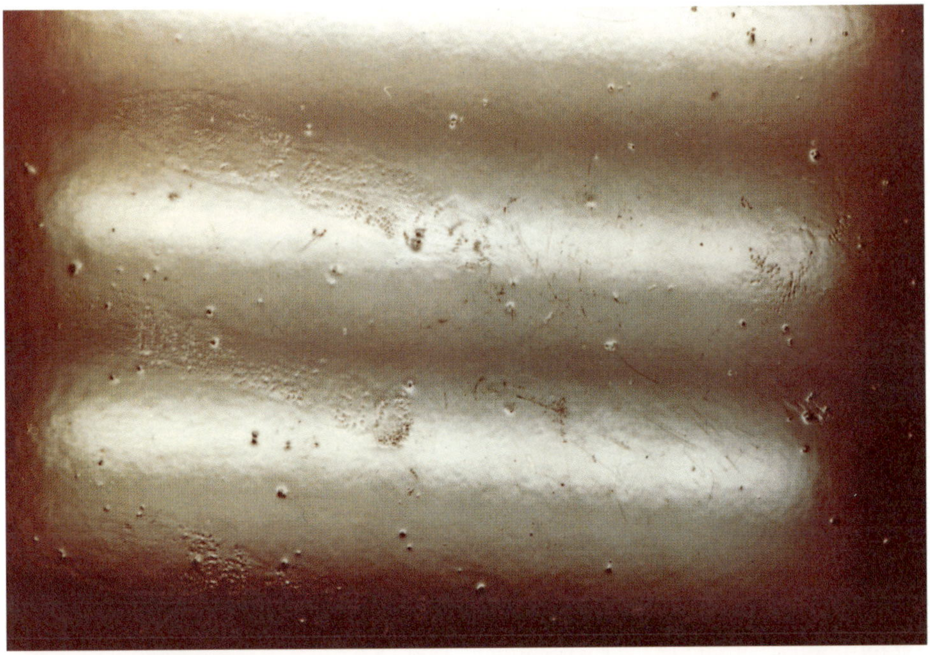

Bild 209.1 Originalgröße

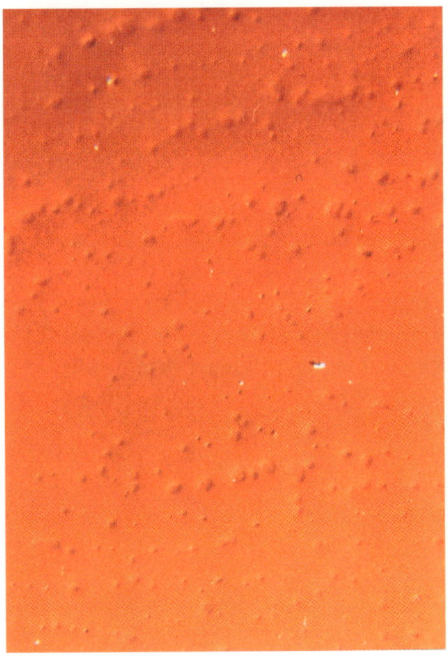

Bild 209.2 Vergrößerung ca. 10fach

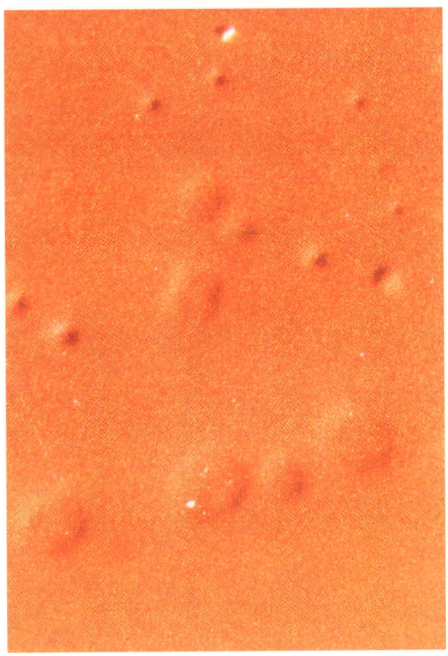

Bild 209.3 Vergrößerung ca. 50fach

7.3 Blasenbildung

Die Blasenbildung ist ein immer wiederkehrendes Problem in Lackierbetrieben. Bei diesen Bläschen handelt es sich in der Regel um Salzeinschlüsse zwischen den Lackschichten. Diese Bläschen sind kreisrund und kuppelförmig, und beim Öffnen tritt eine farblose Flüssigkeit aus. Die Ursachen sind z.B. Handschweißablagerungen, verursacht durch Fingerabdrücke, Schleifwasserrückstände (bei Nichtverwendung von voll entsalztem Wasser) etc., die aufgrund schlechter Vorarbeiten noch auf der zu lackierenden Oberfläche verblieben sind.

Aufgrund der Salzrückstände in den Zwischenschichten bildet sich ein sogenannter osmotischer Druck, und Wasser diffundiert durch die Lackschichten bis zum Salzkristall. Dort sammelt sich das Wasser und führt zur Blasenbildung.

Bild 211.1

Darstellung von nestförmigen Blasenansammlungen, verursacht durch Handschweiß. Die Papillarlinien der Fingerkuppen markieren sich in Form von kleinsten Bläschen in der Lackschicht.

Bild 211.2

40fache Vergrößerung einer der o.g. Blasen. In diesem Fall wurden die Blase mit einem Skalpell aufgeschnitten und der Blasendeckel umgelegt. Sichtbar sind außer einer Faser zwei farblose, transparente Salzkristalle, die auf der Altlackierung lagern.

7.3 Blistering

Blistering is a problem frequently recurring in bodyshops. These blisters are usually salt inclusions between the paint coats. These blisters are circular, dome-shaped and give off a transparent liquid when they are opened. The causes are e. g. deposits of hand perspiration, residues of sanding water (if the water used was not fully deionized), etc., which were left on the surface to be refinished due to poor preparation.

Due to the salt residues in the intermediate layers, so-called osmotic pressure starts to build up and water diffuses through the paint coat down to the salt crystal where it accumulates and causes blistering.

Fig. 211.1

Reproduction of nest-like blister accumulation caused by hand perspiration. The papillary lines of the finger tips appear in the form of tiny blisters in the paint coat.

Fig. 211.2

40x magnification of one of the a/m blisters. In this case, the blister has been cut open by a scalpel and the blister top turned round. Apart from a fibre, two transparent salt crystals deposited on the old paint finish are discernible.

Bild 211.1 Vergrößerung ca. 2fach

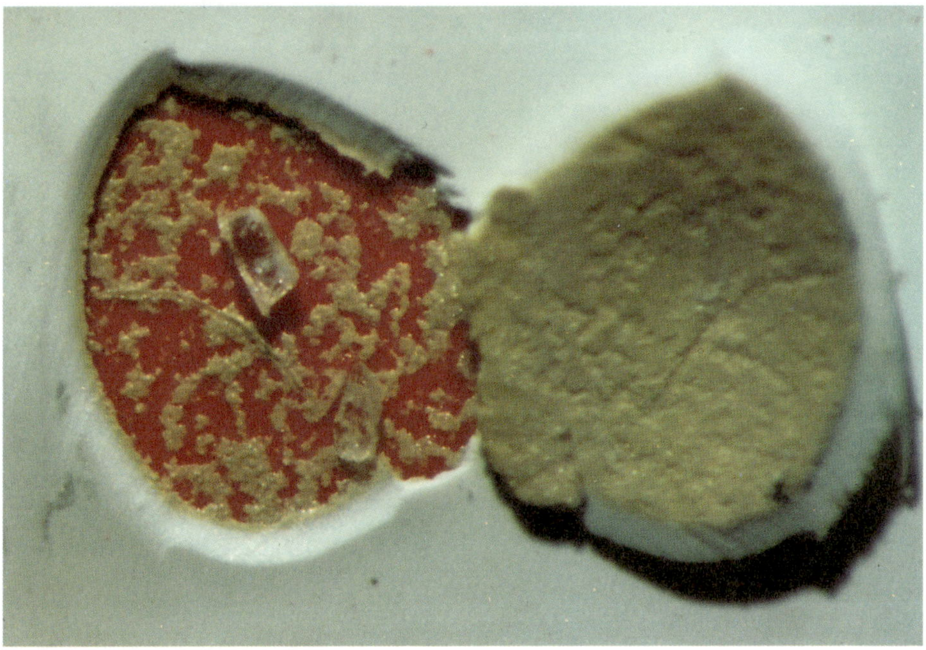

Bild 211.2 Vergrößerung ca. 40fach

Wichtig ist es, bei der ersten Einschätzung des Schadens festzustellen, in welchen Bereichen diese Blasen auftreten. Die hier beschriebenen Blasen treten meistens nestförmig an Rand- und Kantenbereichen von Karossen bzw. Karosserieteilen auf.

Zu beheben sind diese Störungen nur durch das Abtragen der Lackschichten bis zum Blasenboden und Erneuerung des Lackaufbaus.

Bild 213.1

Blasenbildung im hinteren Bereich eines Fahrzeugs in leicht verkleinerter Darstellung. Die Ursache war hier eingetrocknetes Schleifwasserw. Im linken oberen Eck ist ein Durchschliff zu erkennen, der im nächsten Kapitel behandelt wird.

Bild 213.2

Querschliff einer Blase in einer roten 2-Schicht-Uni-Lackierung. Deutlich sichtbar ist der Hohlraum zwischen Füller und rotem Basislack. Folgender Gesamtaufbau ist anhand dieses Querschliffs sichtbar (von unten nach oben):

Substrat
Kathaphoretische Tauchgrundierung
Füller (Serie)
Decklack gelb (Serie)
Füller (Reparatur)
Uni-Basislack rot (Reparatur)
Klarlack (Reparatur)

When first assessing the damage, it is important to note in which areas these blisters occur. The blisters described here mostly occur like nests and in edge areas of bodies and body parts.

These defects can be removed only by stripping the paint coats down to the blister bottom and respraying the paint build-up.

Fig. 213.1

Blistering in the rear area of a vehicle in slightly reduced reproduction. Here the defect was caused by dried-out sanding water. At the top right corner, there is an example of through-sanding, a topic which will be dealt with in the next chapter.

Fig. 213.2

Cross-section of a blister in a red two-coat solid-colour finish. The hollow between filler and red basecoat is clearly visible. The cross-section reveals the following paint build-up (from bottom to top):

Substrate
Cataphoretic dip-primer
Filler (factory finish)
Topcoat, yellow (factory finish)
Filler (refinish)
Solid-coloured basecoat (refinish)
Clear (refinish)

Bild 213.1 Verkleinerte Darstellung

Bild 213.2 Vergrößerung ca. 250fach

Auch bei schlechter Haftung kann es unter Umständen zu einer flächigen Blasenbildung kommen. Bei hohen Temperaturen, Luftfeuchtigkeit und entsprechend schlechter Haftung des Lacks ist die Gefahr der Blasenbildung besonders hoch. Dieses Problem wird allerdings vor der Freigabe von Produkten in Form eines Schwitzkastentests überprüft. Bei diesem Test werden Prüfplatten bei 40°C und 100% relativer Luftfeuchtigkeit vorgeschriebene Zeiten gelagert. Für eine Freigabe darf der Lack keine Blasen aufweisen.

Die nachfolgenden Bilder beschreiben Schäden, die bei diesen Tests entstanden sind.

Bild 215.1

Darstellung der o.g. Blasen in Originalgröße und bei Reflexbeleuchtung. Sichtbar sind eine Vielzahl von kreisrunden Bläschen.

Bild 215.2

10fache Vergrößerung der Blasen im Streiflicht.

Bild 215.3

15fache Vergrößerung der Blasen bei Koaxialbeleuchtung.

In some cases, poor adhesion may cause extensive blistering, too, particularly at high temperatures and high ambient humidity. Before the release of the products, this is tested by means of a damp/heat alternating atmosphere. In this test, test panels are stored at 40°C and 100% rel. humidity for a defined period of time. The paint is released only if the panels show no blisters after this test.

The following pictures show damages caused by these tests.

Fig. 215.1

Reproduction of the a/m blisters in original size and under reflex illumination. There is a large number of circular blisters.

Fig. 215.2

10x magnification of the blisters under oblique illumination.

Fig. 215.3

15x magnification of the blisters using coaxial illumination.

Bild 215.1 Originalgröße

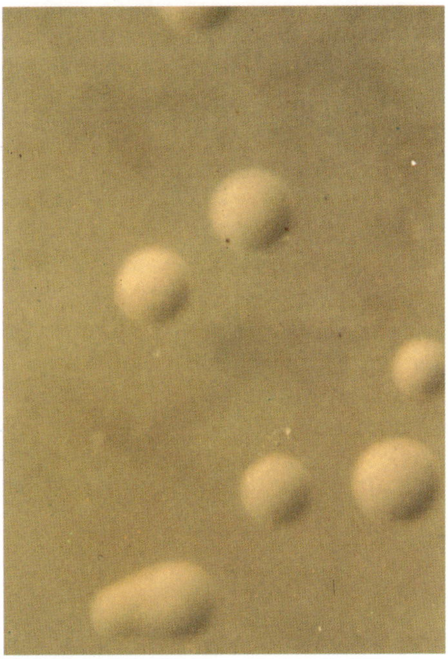

Bild 215.2 Vergrößerung ca. 10fach

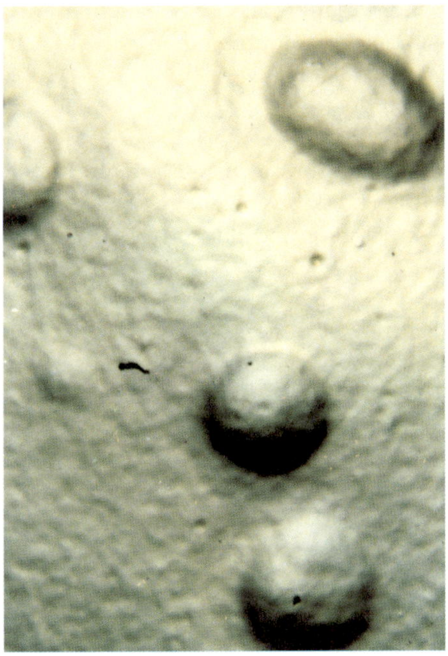

Bild 215.3 Vergrößerung ca. 15fach

7

7.4 Haftung

Es gibt eine Vielzahl von Gründen, die zu einer schlechten Haftung führen können. Ein Hauptgrund ist die mangelhafte Vorbehandlung von Kunststoffsubstraten. Wie bereits unter 7.1 erwähnt, kommen bei der Produktion von Kunststoffteilen immer häufiger interne Trennmittel zum Einsatz. Diese Trennmittel wandern mit der Zeit zur Kunststoffoberfläche (Migration) und verursachen bei entsprechender Mißachtung der Vorarbeitsregeln (Tempern und Reinigen) Haftungsprobleme. Außerdem existieren spezielle Kunststoffe z.B. PP-EPDM, die nur sehr schwer zu lackieren sind.

Weiteren Ursachen für Haftungsprobleme sind über- oder unterbrannte Lackaufbauten, fehlender oder schlechter Zwischenschliff und der Einsatz falscher Produkte. Diese Schäden können natürlich nur durch einen neuen Lackaufbau behoben werden.

Bild 217.1 und Bild 217.2

Haftungsstörungen auf einem Kunststoff. Hier läßt sich der gesamte Aufbau vom Untergrund ablösen.

Bild 217.3

Haftungsstörung zwischen einem Füller und einem Decklack. Bei dieser Probe wurde als Haftungstest der Gitterschnitt angewandt. Bei diesem Test wird der Lack in bestimmten Abständen mehrmals über Kreuz eingeschnitten. Anschließend werden der Lack mit einem Klebeband abgezogen und die zurückbleibende Fläche beurteilt.

7.4 Adhesion

Poor adhesion is caused by a large number of factors. The main cause is the preparation of plastic substrates. As mentioned under 7.1, internal release agents are used very frequently in the production of plastic parts today. In the course of time, these release agents migrate to the plastic surface and cause adhesion problems if the rules of preparation (tempering and cleaning) have been ignored. And there are special plastics which are very hard to paint (PP-EPDM). It goes without saying that all other substrates have to be cleaned according to specifications, too.

Other causes of adhesion problems are overburnt and underburnt paint build-ups, no or poor intermediate sanding, and the use of the wrong products. These damages can be repaired only by a complete new paint build-up.

Fig. 217.1 and 217.2

Adhesion problems on a plastic substrate. Here the complete build-up can be removed from the substrate.

Fig. 217.3

Adhesion problems between a filler and a topcoat. In this case, adhesion was tested by means of a cross-cut test. This testing method requires that the paint is cross-cut several times at defined distances. Subsequently, the paint is removed by means of adhesive tape so that the remaining area can be analyzed.

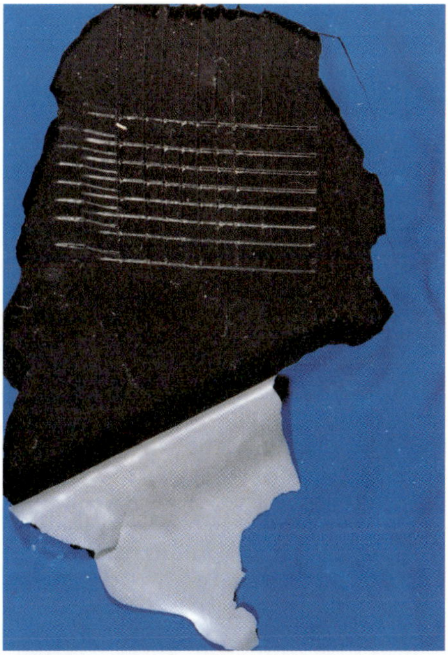

Bild 217.1 Originalgröße

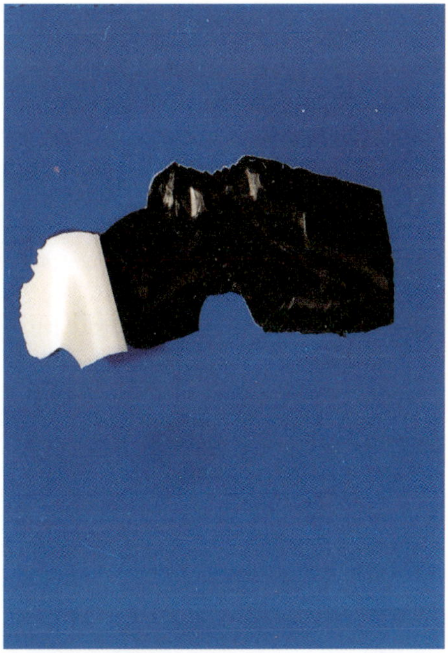

Bild 217.2 Originalgröße

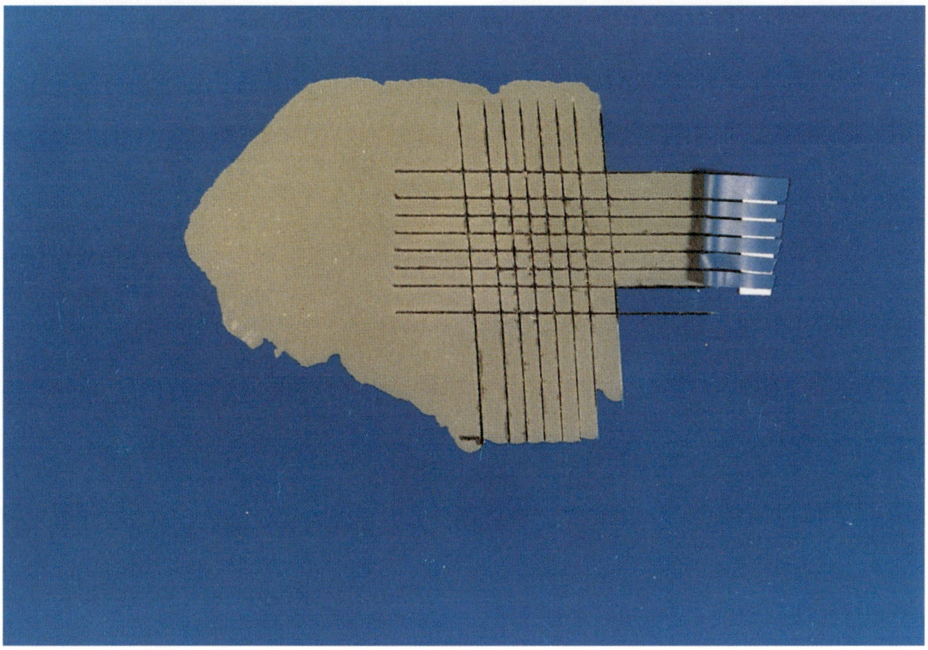

Bild 217.3 Originalgröße

7.5 Hochziehen

Dieser Effekt, der auch Runzel- oder Kräuseleffekt genannt wird, kann zwei Ursachen haben. Zum einen kann dieses Phänomen dadurch entstehen, daß der zu lackierende Untergrund vom Lack stark angelöst wird, z.B. bei der Lackierung von TPA (thermoplastische Acrylics) oder Nitrolacken mit 2K-Produkten. Zum anderen besteht die Möglichkeit, daß im Fall von lufttrocknenden Systemen bei zu hohen Schichtdicken aufgrund einer ungünstigen Sikkativ-Kombination die Oberfläche schneller antrocknet als die unteren Bereiche.

Um diesen Effekt zu vermeiden, muß der Untergrund im Fall des Anlösens vorher mit speziellen Materialien isoliert werden.

Bild 219.1

50fache Vergrößerung einer 2-Schicht-Metallic-Lackierung mit Hochzieheffekt. Zu erkennen sind sternförmige Wülste im Decklack.

Bild 219.2

Querschliff eines Kräuseleffekts in einem mehrschichtigen Lacksystem. Erkennbar ist eine 3fach-Reparaturlackierung (unter Serienbedingungen), deren mittleres Lacksystem schleifenartige Strukturen aufweist. Bei den zwei dunkelroten Schichten handelt es sich um Klarlackschichten, die aufgrund des Lichteinfalls dunkel wirken. Die Ursache in diesem Fall ist das Fehlen einer für dieses System vorgesehenen Zwischenprimerschicht und ein dadurch verursachtes Anlösen der Altlackierung.

7.5 Lifting

This effect, which is also called rippling or wrinkling, may have two causes. On the one hand, this phenomenon may occur if the paint has a strong dissolving effect on the substrate, for example TPA (thermoplastic acrylics) or nitropaint (painted with 2K products). On the other, it is possible that the surface dries more quickly than the coats underneath when air-drying systems are used and the individual coats are too thick.

To avoid this effect, the substrate, which might otherwise be dissolved, must be isolated with special materials prior to painting.

Fig. 219.1

50x magnification of a two-coat metallic finish with lifting effect. There are star-shaped bulges in the topcoat.

Fig. 219.2

Cross-section of a wrinkling effect in a multiple-coat paint system. There is a triple refinish (under factory-finishing conditions). The paint system in the middle has loop-like structures. The two dark red layers are clear coats which appear dark due to the incidence of light. In this case, the defect is caused by the lack of an intermediate primer coat recommended for this system, resulting in the dissolution of the old finish.

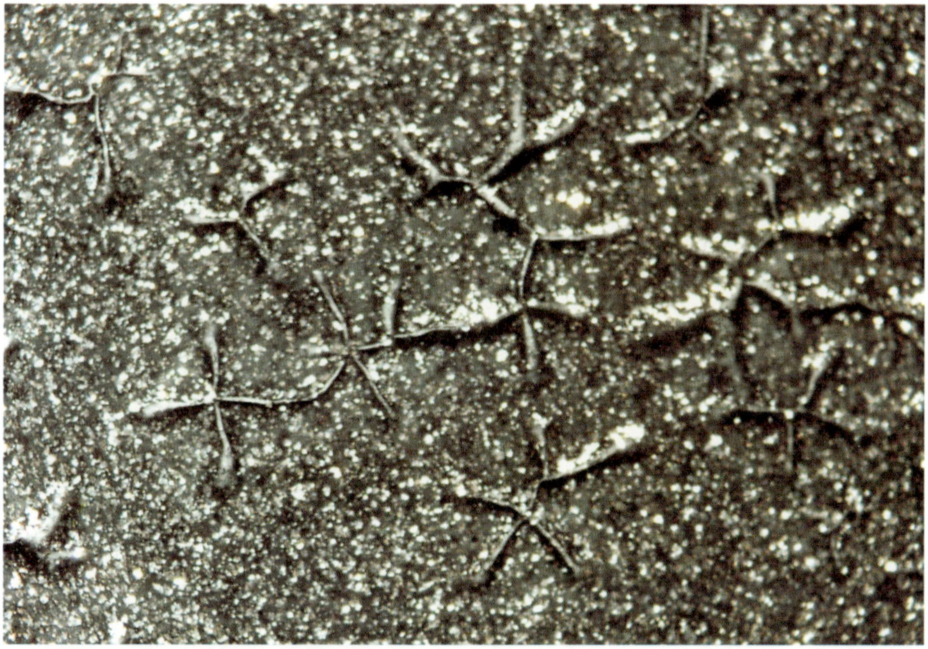

Bild 219.1 Vergrößerung ca. 50fach

Bild 219.2 Vergrößerung ca. 250fach

Auf der folgenden Seite befinden sich weitere Beispiele des Hochziehens.

Zur Problematik der Randmarkierungen, die ebenfalls zu dieser Thematik gehört, wird in Abschnitt 7.11 Stellung genommen.

Bild 221.1

Aufsicht eines Runzeleffekts in Originalgröße bei Reflexbeleuchtung. In dieser Lackierung gibt es Bereiche mit leichter und Bereiche mit starker Strukturierung.

Bild 221.2

10fache Vergrößerung der o.g. Lackoberfläche. Bei dieser Vergrößerung sind die wellenförmigen Strukturen besonders deutlich.

Bild 221.3

Aufsicht einer Lackoberfläche mit feinerer Kräuselstruktur in Originalgröße.

Bild 221.4

10fache Vergrößerung der in Bild 221.3 dargestellten Schadstelle.

The next page shows additional examples on the topic of lifting.

The poblem of edge mapping, which is closely linked to lifting, will be treated in chapter 7.11.

Fig. 221.1

Top view of a wrinkling effect in original size and under reflex illumination. In this finish, some areas are more structured than others.

Fig. 221.2

10x magnification of the a/m paint surface. This magnification shows the wave structures very clearly.

Fig. 221.3

Top view of a paint surface with a finer wrinkling structure in original size.

Fig. 221.4

10x magnification of the damage shown in fig. 221.3.

Bild 221.1 Originalgröße

Bild 221.2 Vergrößerung ca. 10fach

Bild 221.3 Originalgröße

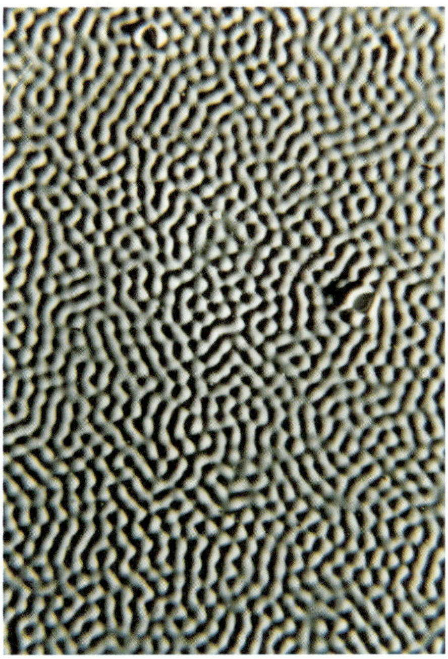

Bild 221.4 Vergrößerung ca. 10fach

7.6 Kantenflucht

Lacke neigen aufgrund ihrer Oberflächenspannung dazu, sich im flüssigen Zustand von allen Kanten zu entfernens. Daher kommt es vor allem bei Profilen und Nieten vor, daß bei Nichteinhaltung der Verarbeitungsparameter an den Kanten und Randbereichen eine geringere Schichtdicke des Lacks vorliegt.

Bild 223.1

Abbildung mehrerer lackierte Nieten, an denen die Problematik der Kantenflucht deutlich wird. In den Randbereichen der Nieten ist die Schicht des weißen Decklacks so dünn, daß der Füller durchscheint.

Bild 223.2

Gleicher Bereich wie in Bild 223.1, allerdings bei Reflexbeleuchtung. Hier sind einzelne Läuferspuren sichtbar, die von den Nieten ausgehen.

Bild 223.3

10fache Vergrößerung einer Niete. Bei dieser Vergrößerung ist aufgrund der niedrigen Schichtdicke des Decklacks an den Rändern der Füller eindeutig zu erkennen.

7.6 Poor edge adhesion

Due to their surface tension, liquid paints tend to move away from all edges. Especially on profiles and rivets, the paint thickness may be lower on the edges, if the processing parameters are disregarded.

Fig. 223.1

Reproduction of several painted rivets showing the problem of poor edge adhesion. In the edge areas of the rivets, the white topcoat is so thin that the filler shines through.

Fig. 223.2

The same area as in fig. 223.1 but under reflex illumination. Here we can see some runs starting from the rivets.

Fig. 223.3

This magnification clearly shows the filler shining through on the edges of the rivet due to the low coat thickness of the topcoat.

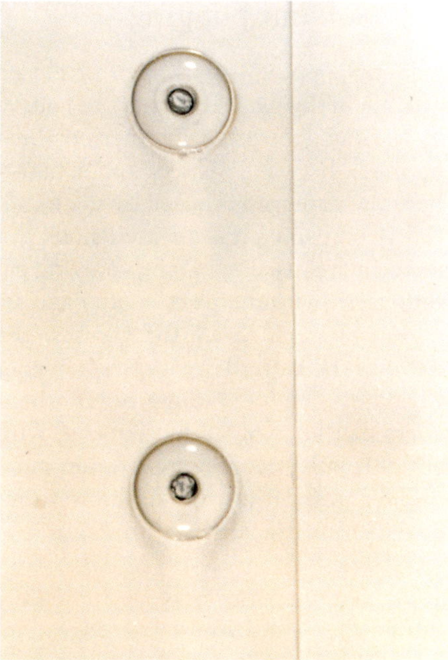

Bild 223.1 Originalgröße

Bild 223.2 Originalgröße

Bild 223.3 Vergrößerung ca. 10fach

7.7 Kochblasen

Bei Kochern handelt es sich um kleine, teilweise geschlossene, teilweise nach oben geöffnete Bläschen in der Lackschicht, deren Herkunft verschiedene Ursachen haben kann. Es muß unterschieden werden zwischen Lösungsmitteleinschlüssen -hier liegt die Ursache in dem Einsatz falscher Lösungsmittel-, Lufteinschlüssen (eingespritzte Luft), verursacht durch die Einstellung falscher Spritzparameter (Druck, Düse etc.), und Reaktionsblasen. Bei allen drei Varianten ist eine zu hohe Lackschichtdicke der auslösende Faktor. Durch die Wahl entsprechender Lösungsmittel und Applikationsparameter, Einhalten der Ablüftzeiten und Beseitigen von Lunkerstellen in dem Untergrund können Kocher bei entsprechenden Schichtdicken vermieden werden.

Kocher können sowohl flächig als auch nestförmig an Kanten und Überlappungsstellen auftreten.

Bild 225.1 bis Bild 225.3

Darstellung von kocherartigen Erscheinungsbildern in Originalgröße und verschiedenen Beleuchtungsvarianten. Deutlich sichtbar sind die bis zu stecknadelkopfgroßen Markierungen in der Decklackoberfläche.

Bild 225.4

Hier sind außer einer stark strukturierten Lackoberfläche kocherartige Fehlstellen zu erkennen, hervorgerufen durch ein schlecht vorbehandeltes, poriges Substrat.

7.7 Solvent popping

Solvent popping (small open or closed blisters in the paint coat) may be caused by various factors. A distinction must be made between solvent inclusions – here the damage is caused by the use of the wrong solvent – air inclusions (injected air) caused by wrong spraying parameters (pressure, nozzle, etc.) and reaction blisters. In all three cases, the damage is caused by excessive coat thickness. Solvent popping in thick coats can be avoided by working with suitable solvents and application parameters, respecting the flash-off times and removing shrink holes in the substrate.

Solvent popping may occur on the whole area and in nests on edges and laps.

Fig. 225.1 to fig. 225.3

Reproduction of solvent popping in original size and various illuminations. The marks (up to pinhead size) in the topcoat surface are clearly visible.

Fig. 225.4

Apart from a severely structured paint surface, there is solvent popping caused by a poorly prepared, porous substrate.

Bild 225.1 Originalgröße

Bild 225.2 Originalgröße

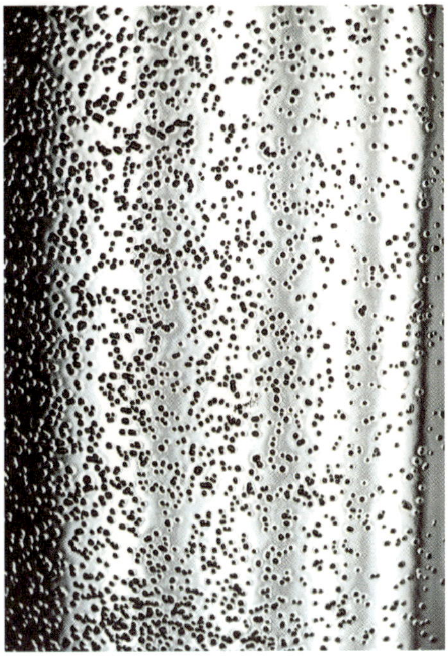

Bild 225.3 Originalgröße

Bild 225.4 Originalgröße

Auf der folgenden Seite werden repräsentative Erscheinungsbilder von Kochern in der Aufsicht und im Querschliff dargestellt.

Zur Behebung dieser Lackierstörungen müssen die Fehlstellen entweder ausgeschliffen oder mit einem Feinspachtel zugespachtelt werden.

Bild 227.1

Aufsicht mehrerer Klarlackkocher bei 125facher Vergrößerung. Sichtbar sind kugelförmige, nach oben offene Hohlräume im Klarlack.

Bild 227.2

250fache Vergrößerung einer Querschliffpräparation der in Bild 227.1 dargestellen Fehlstellen. Sehr gut zu erkennen ist der zur Klarlackoberfläche hin geöffnete ovale Hohlraum im Klarlack.

Bild 227.3

Wie Bild 227.2 bei 125facher Vergrößerung.

Bild 227.4

Querschliff eines Klarlackkochers, der sich durch eine erhöhte Klarlackviskosität bereits zu einem Krater ausgebildet hat.

The next page shows a top view and a cross-section typical of solvent popping manifestations.

To remedy these painting defects, the damaged areas must either be sanded or stopped using fine stopper.

Fig. 227.1

Top view of several clearcoat solvent poppings at 125x magnification. There are ball-shaped, open hollows in the clear.

Fig. 227.2

250x magnification of a cross-section of the defects shown in fig. 227.1. The oval hollow in the clear is clearly discernible.

Fig. 227.3

As fig. 227.2 at 125x magnification.

Fig. 227.4

Cross-section of a clearcoat solvent popping which has become a crater due to increased clearcoat viscosity.

Bild 227.1 Vergrößerung ca. 125fach

Bild 227.2 Vergrößerung ca. 250fach

Bild 227.3 Vergrößerung ca. 125fach

Bild 227.4 Vergrößerung ca. 125fach

Auf der gegenüberliegenden Seite werden kocherartige Fehlstellen gezeigt, deren Ursachen im Untergrund zu suchen sind. Um dies deutlicher zu machen, wurde in diesem Fall wieder die Querschliffpräparation eingesetzt.

Bild 229.1

Aufsicht einer kocherartigen Erscheinung im Klarlack bei 50facher Vergrößerung. Deutlich sichtbar sind die zur Klarlackoberfläche hin geöffneten kugelförmigen Hohlräume im Klarlack.

Bild 229.2

250fache Vergrößerung eines Kochers, verursacht durch eine fehlerhafte Zinkschicht unter dem Lack.

Bild 229.3

Querschliff der in Bild 229.1 dargestellten Fehlstelle bei 250facher Vergrößerung. Anhand dieser Präparation wird deutlich, daß der Klarlackkocher aus einem Füllerkocher resultiert, der nicht entsprechend vorbehandelt wurde.

Bild 229.4

Querschliff der in Bild 229.2 dargestellten Fehlstelle bei 250facher Vergrößerung. Hier wird deutlich, daß die auf dem Eisenwerkstoff befindliche Zinkschicht in diesem Bereich fehlerhaft ist und Hohlräume aufweist, die sich bei der Lackierung durch die einzelnen Lackschichten fortsetzen.

The right page shows solvent popping defects probably caused by the substrate. Here, too, cross-section preparation was used to show the defects more clearly.

Fig. 229.1

Top view of a solvent popping in a clearcoat at 50x magnification. There are ball-shaped, open hollows in the clear.

Fig. 229.2

250x magnification of a solvent popping caused by a defective zinc coat under the paint.

Fig. 229.3

Cross-section of the damage shown in fig. 229.1 at 250x magnification. This preparation shows clearly that the clearcoat solvent popping was caused by a filler solvent popping that had not been prepared adequately.

Fig. 229.4

Cross-section of the defect shown in fig. 229.2 at 250x magnification. This reproduction shows that the zinc coat on the iron material is defective in this area and that the hollows continue to appear in the individual paint coats.

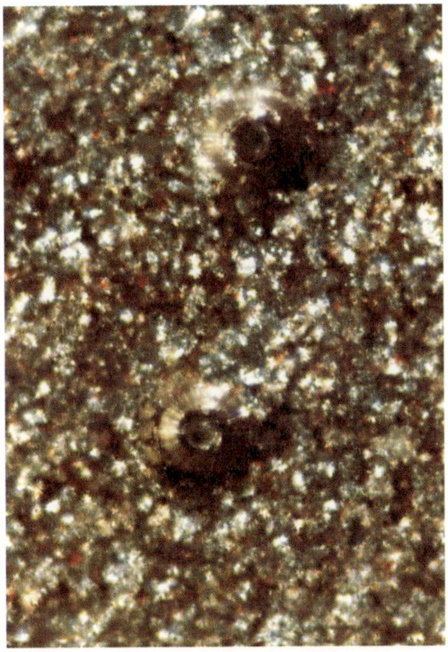

Bild 229.1 Vergrößerung ca. 50fach

Bild 229.2 Vergrößerung ca. 250fach

Bild 229.3 Vergrößerung ca. 125fach

Bild 229.4 Vergrößerung ca. 250fach

7.8 Läufer

Bei Lackläufern oder auch Gardinenbildung handelt es sich um Bereiche, in denen eine zu große Menge Lack aufgespritzt wurde. Dieser Lack läuft dann noch während des Lackierens oder auch beim späteren Einbrennen ab. In der Regel ist dieser Vorgang noch mit massiver Kocherbildung verbunden. Die Ursachen dieser Störungen liegen bei einer falschen Spritztechnik und falschen Viskositäten, immer in Verbindung mit einer zu hohen Schichtdicke.

Zur Behebung müssen die Läufer abgeschliffen und der gesamte Bereich neu lackiert werden.

Bild 231.1

Darstellung einer Läuferzone in Originalgröße bei Schrägbeleuchtung. Sichtbar sind die tropfenförmigen Abläufe, verbunden mit der Bildung von Kochern.

Bild 231.2

Wie Bild 231.1, allerdings bei Reflexbeleuchtung.

Bild 231.3

10fache Vergrößerung eines einzelnen Läufers. Bei dieser Vergrößerung werden die entstandenen Kocher besonders deulich sichtbar.

7.8 Runs

Paint runs or sags occur in areas where an excessive amount of paint was applied which runs down during the painting or baking process. Usually, this defect is coupled with massive solvent popping. These damages occur when the wrong spraying technique or wrong viscosities are used and the paint coat is too thick.

To remove these defects, the runs have to be sanded and the whole area has to be resprayed.

Fig. 231.1

Reproduction of a run area in original size and under oblique illumination. There are drop-shaped runs coupled with solvent popping.

Fig. 231.2

As fig. 231.1, but under reflex illumination.

Fig. 231.3

10x magnification of an individual run. This magnification makes the solvent popping particularly evident.

Bild 231.1 Originalgröße

Bild 231.2 Originalgröße

Bild 231.3 Vergrößerung ca. 10fach

7.9 Orangenschaleneffekt

Der Verlauf eines Lacks ist ein wichtiges Beurteilungskriterium. Jede Lackoberfläche weist eine gewisse Struktur auf. Eine übermäßig starke, sehr feine Struktur erscheint als Vermattung. Bei einer übermäßig starken, langwelligen Struktur spricht man von einem Orangenschaleneffekt. In der Automobilindustrie wird durch verschiedene Verfahren versucht, die Narbung einer Lackoberfläche so gering wie möglich zu halten (Rotationstrocknung etc.). Bei der Reparatur ist es daher sehr wichtig, die Narbung des Reparaturlacks dem Serienlack entsprechend anzupassen. Oft ist eine leichte Narbung sogar gewollt. Bei stärkerer Strukturierung, die durch Nichtbeachtung der Vorgaben in Bezug auf Viskositäten, Spritzparameter, Ablüftzeiten und Schichtdicken entsteht, spricht man von einem Orangen- oder Apfelsinenschaleneffekt. Dieser Effekt ist durch Polieren oder Neulackierung zu beseitigen.

Bild 233.1

Darstellung einer leichten Orangenschalenstruktur in Originalgröße bei Reflexbeleuchtung. Sichtbar sind leichte Unebenheiten im Decklack.

Bild 233.2

Darstellung einer starken Narbung in Originalgröße bei Reflexbeleuchtung. Hier sind die Strukturen im Decklack weitaus stärker.

Bild 233.3

Wie Bild 233.2, jedoch bei 10facher Vergrößerung und Koaxialbeleuchtung.

7.9 Orange peel effect

The flow of a paint is an important criterion. Each paint surface has a certain structure. A too fine structure appears as matting. A very long-waved structure is called orange peel. The automotive industry uses various procedures to keep the grain size of the paint surface as small as possible (rotational drying, etc.). If a vehicle is refinished, the grain size of the refinishing paint must be adjusted to that of the factory-finish paint. Therefore, a slightly grained texture is actually intended. A stronger structure, which occurs when recommended viscosities, spraying parameters, flash-off times and coat thicknesses are disregarded, is called orange peel effect. This effect can be removed by polishing or respraying.

Fig. 233.1

Reproduction of a light orange peel structure in original size and under reflex illumination. The topcoat is slightly uneven.

Fig. 233.2

Reproduction of a severely grained structure in original size and under reflex illumination. Here, the topcoat is much more uneven.

Fig. 233.3

As fig. 233.2 at 10x magnification and under coaxial illumination.

Bild 233.1 Originalgröße

Bild 233.2 Originalgröße

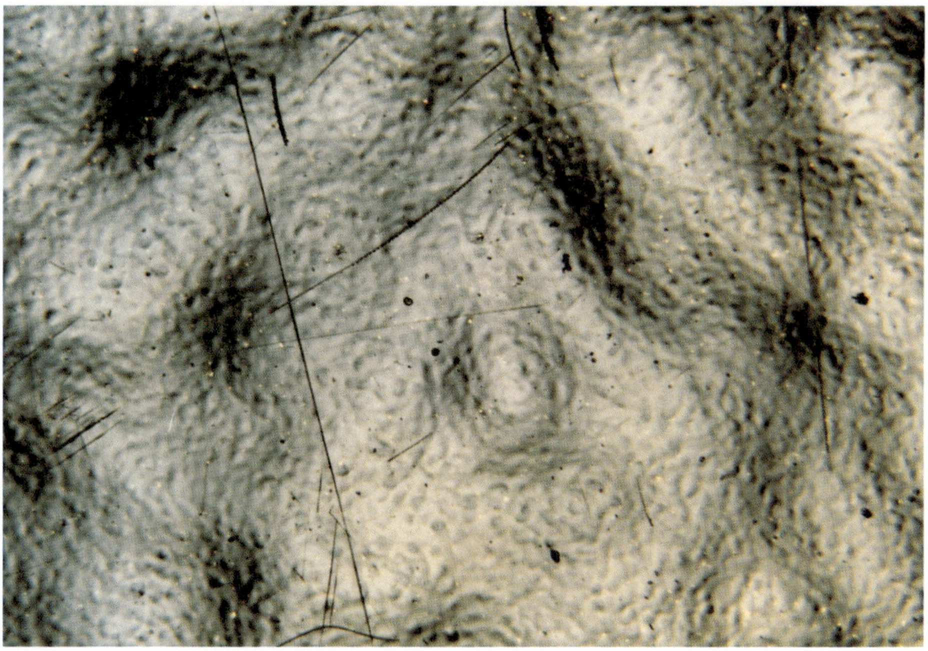

Bild 233.3 Vergrößerung ca. 10fach

7.10 Overspray

Bei Overspray, auch Spritznebel genannt, handelt es sich um angetrocknete Spritznebelreste, die beim Auftreffen auf die Lackoberfläche nicht mehr verlaufen konnten. Diese Spritznebel können sich sowohl als Stippen in der Lackoberfläche als auch in Form von Vermattungserscheinungen im Klarlack nach massiven Spritznebelproblemen im Basislack markieren. Spritznebel können natürlich auch auf nicht genügend abgeklebten Fahrzeugbereichen auftreten. In diesem Fall können die Partikel mit Verdünnung oder Politur entfernt werden. Bei den o.g. Vermattungen ist in der Regel eine Neulackierung zu empfehlen.

Bild 235.1

Leicht vergrößerte Darstellung von Stippenbildung, hervorgerufen durch Basislackspritznebel. Deutlich sichtbar sind die feinen Einschlüsse im Klarlack.

Bild 235.2

Darstellung eines Basislackspritznebeleinschlusses im Klarlack bei 250facher Vergrößerung. Zu erkennen ist ein auf dem schwarzen Basislack lagernder, ebenfalls schwarzer, runder Basislackpartikel. Der Klarlack ist an dieser Stelle leicht aufgeworfen.

Bild 235.3

Wie Bild 235.2, jedoch mit einem roten Basislack. Innerhalb des Spritznebelpartikels ist ein Aluminiumteilchen zu erkennen.

7.10 Overspray

Overspray, also called spray mist, means dried spray mist that reaches the paint surface and is unable to flow. These spray mists may occur as specks in the paint surface and as matting e. g. in the clear after massive spray mist problems in the basecoat. These spray mists may also occur in vehicle areas which were not sufficiently masked before spraying. In this case, the particles are removed by thinner or polishing paste. In the case of the a/m mattings, resprays are usually recommended.

Fig. 235.1

Slightly magnified reproduction of speck formation caused by basecoat spray mist. The tiny inclusions in the clear are clearly visible.

Fig. 235.2

Reproduction of a basecoat spray mist inclusion in the clearcoat at 250x magnification. A black, round basecoat particle has deposited on the black basecoat. The clear has piled up a little here.

Fig. 235.3

As fig. 235.2 but with a red basecoat. There is an aluminium particle within the spray mist particle.

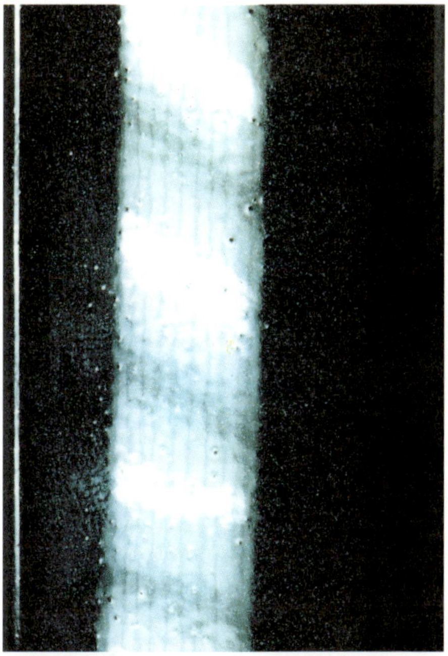

Bild 235.1 Originalgröße

Bild 235.2 Vergrößerung ca. 250fach

Bild 235.3 Vergrößerung ca. 250fach

Durch Overspray kann es auch zu kleinsten Kratern im Klarlack -sogenannten Spritznebelkratern- kommen. In diesem Fall werden die eigenen Spritznebel nicht mehr von der Klarlackoberfläche störungsfrei aufgenommen. Diese Schädigungen, die schwerpunktmäßig im High-Solid-Bereich auftreten, können in der Regel durch den Einsatz von Additiven oder entsprechenden Lösemitteln behoben werden.

Bild 237.1

Aufsicht einer mit Spritznebelkratern übersäten Klarlackoberfläche in Originalgröße bei Reflexbeleuchtung. Sichtbar sind feinste Dellen im Klarlack.

Bild 237.2

60fache Vergrößerung eines einzelnen Spritznebelkraters. Aufgrund seiner Ausmaße, ca. 2—3 μm Tiefe bei einem Durchmesser von bis zu mehreren hundert Micron, ist eine Darstellung sehr schwierig.

Diese Art der Schädigung kann durch Anschleifen der Klarlackoberfläche und Applikation einer weiteren Klarlackschicht beseitigt werden.

Overspray may also cause tiny craters – so-called overspray craters – in the clear. In this case, the clearcoat surface can no longer absorb the spray mist. These damages, mainly occurring with high-solid paints, are usually removed by using additives or suitable solvents.

Fig. 237.1

Top view of a clearcoat surface covered by overspray craters in original size and under reflex illumination. There are tiny dents in the clear.

Fig. 237.2

60x magnification of a single overspray crater. As it is only 2—3 μm deep and several hundred microns in diameter, it is very hard to reproduce.

This kind of damage can be removed by sanding the clearcoat surface and applying another clearcoat.

Bild 237.1 Originalgröße

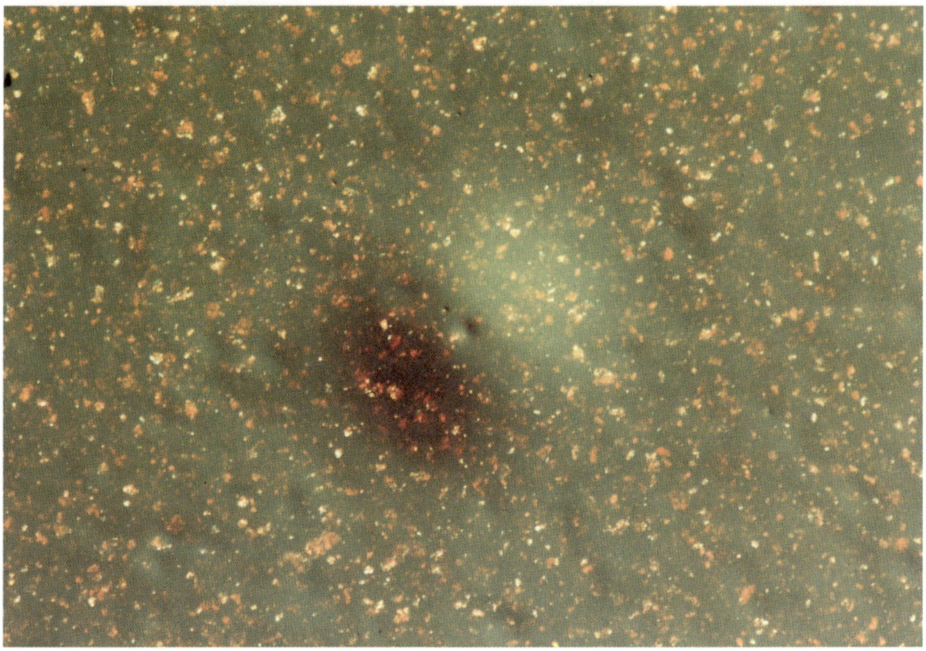

Bild 237.2 Vergrößerung ca. 60fach

7.11 Randmarkierung

Randmarkierungen treten in der Regel an Durchschliffstellen auf. Sie werden durch den Einsatz von zu grobem Schleifpapier, schlechte Isolation und zu früh mit Decklack überlackierte Vormaterialien verursacht. Diese Fehlstellen können nach der Durchtrocknung, mit Füller isoliert und angeschliffen, neu überarbeitet werden.

Bild 239.1

Darstellung einer Randmarkierung (Ausschnitt) in Originalgröße bei Reflexbeleuchtung. Sichtbar sind die starken Oberflächenstrukturen, die sich in Form eines Bands durch den Decklack ziehen.

Bild 239.2

Randmarkierung an einer kleinen Durchschliffstelle in Originalgröße bei Reflexbeleuchtung. Deutlich zu erkennen sind die starken Strukturen (teilweise Hochzieheffekte), die sich als ovale Kränze in der Decklackoberfläche markieren.

7.11 Edge mapping

Edge mapping usually occurs in through-sanded areas which were prepared in the wrong way and is caused by the use of excessively coarse sanding paper, poor isolation or premature coating of prep materials. After through-drying, these defects may be isolated with filler, sanded and resprayed.

Fig. 239.1

Reproduction of edge mapping (section) in original size and under reflex illumination. The deep surface structure marks the topcoat like a tape.

Fig. 239.2

Edge mapping in a small through-sanded area in original size and under reflex illumination. There are deep structures (some lifting effects) marking the topcoat surface in oval circles.

Bild 239.1 Originalgröße

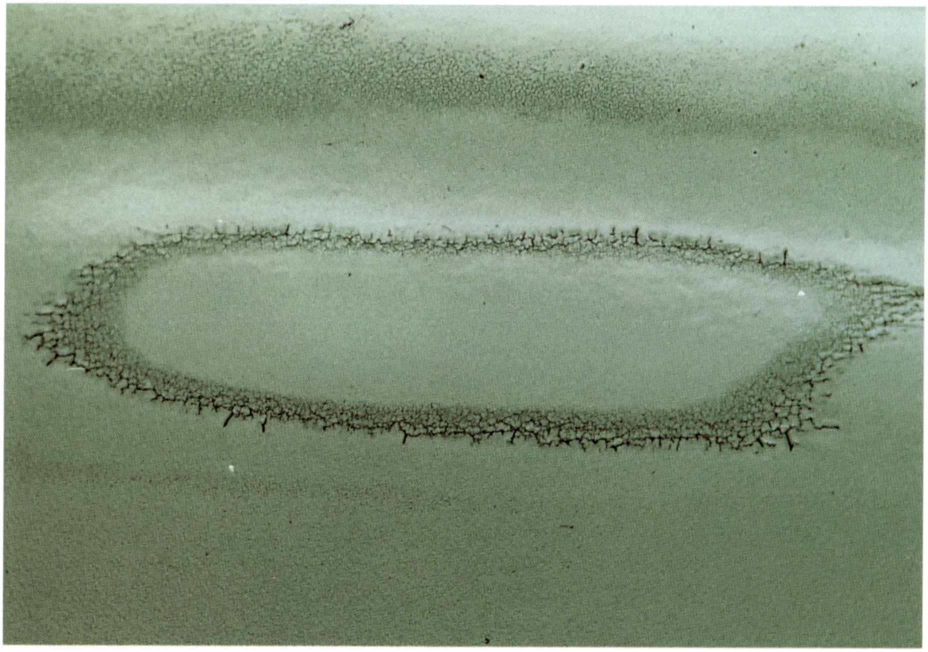

Bild 239.2 Originalgröße

7.12 Rißbildung durch Überbeschichtung

Bei zu hohen Schichtdicken, die z.B. durch mehrfache Reparaturlackierungen entstehen, können vereinzelt Risse in der Beschichtung auftreten. Diese durch innere Spannungen (Temperaturschwankungen, mechanische Einflüsse etc.) verursachten Risse treten normalerweise nur vereinzelt, aber in extremen Größen von bis zu mehreren Zentimetern auf. Solche Risse können nur durch eine Neulackierung nach vorherigem Entfernen der Altlackierung beseitigt werden.

Bild 241.1

Darstellung eines Risses in einem Silber-Metallic in Originalgröße bei Reflexbeleuchtung.

Bild 241.2

Riß in einem blauen Uni-Decklack in Originalgröße

Bild 241.3

10fache Vergrößerung des in Bild 241.1 dargestellten Decklackrisses. Bei dieser Vergrößerung wird eine der unteren Schichten (weiße Schicht) sichtbar.

Bild 241.4

Wie Bild 241.3, jedoch mit Koaxialbeleuchtung.

7.12 Cracking due to excessive coating

If the coat thickness is too high, e. g. due to multiple refinishes, cracks may occur. These cracks caused by internal tensions (temperature changes, mechanical impact, etc.) usually occur individually, but in extreme dimensions (up to several centimetres). The cracks can be removed only by respraying after prior removal of the old finish.

Fig. 241.1

Reproduction of a crack in a silver metallic in original size and under reflex illumination.

Fig. 241.2

Crack in a blue solid-coloured topcoat in original size.

Fig. 241.3

10x magnification of the topcoat crack shown in fig. 241.1. This magnification shows one of the lower coats (white layer).

Fig. 241.4

As fig. 241.3 under coaxial illumination.

Bild 241.1 Originalgröße

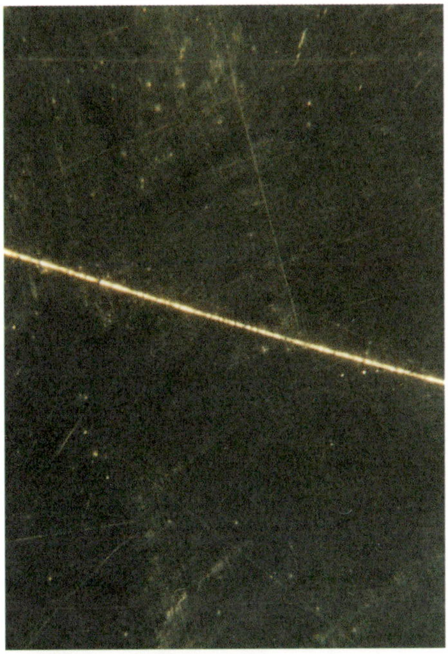

Bild 241.2 Originalgröße

Bild 241.3 Vergrößerung ca. 10fach

Bild 241.4 Vergrößerung ca. 10fach

7.13 Rißbildung durch Fehlbeschichtung

Bei der Applikation von nicht thermoplastischen Materialien, z.B. 2K- Systemen, auf thermoplastischen Untergründen, z.B. Nitro oder TPA (thermoplastische Acrylics), kann diese Art der Rißbildung auftreten. Zu beheben sind die Schäden nur durch Abschleifen der geschädigten Schichten, Isolierung und Neulackierung.

Bild 243.1

Aufsicht einer 2K-Lackierung auf einem Nitrolack in Originalgröße. Sichtbar sind die sternförmigen Risse in der Oberfläche.

Bild 243.2

Gleiche Störung in einem anderen Lacksystem. Außer den Rissen markieren sich auch noch vereinzelte Krater.

Bild 243.3

10fache Vergrößerung der in Bild 243.1 gezeigten Lackoberfläche.

Bild 243.4

40fache Vergrößerung der in Bild 243.1 gezeigten Lackoberfläche. Bei dieser Vergrößerung werden die unteren Lackschichten sichtbar.

7.13 Cracking due to wrong coating

When non-thermoplastic materials such as 2K systems are applied to thermoplastic substrates, e.g. nitro or TPA (thermoplastic acrylics), this kind of cracking may occur. These damages can be removed only by sanding the damaged coats, isolating and refinishing.

Fig. 243.1

Top view of a 2K finish on a nitro paint in original size. There are star-shaped cracks in the surface.

Fig. 243.2

The same damage in a different paint system. Apart from the cracks, there are some craters, too.

Fig. 243.3

10x magnification of the paint surface shown in fig. 243.1.

Fig. 243.4

40x magnification of the paint surface shown in fig. 243.1. This magnification shows the lower paint coats.

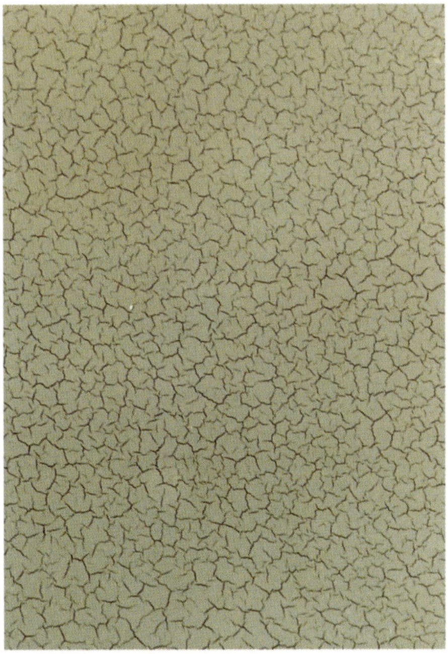

Bild 243.1 Originalgröße

Bild 243.2 Originalgröße

Bild 243.3 Vergrößerung ca. 10fach

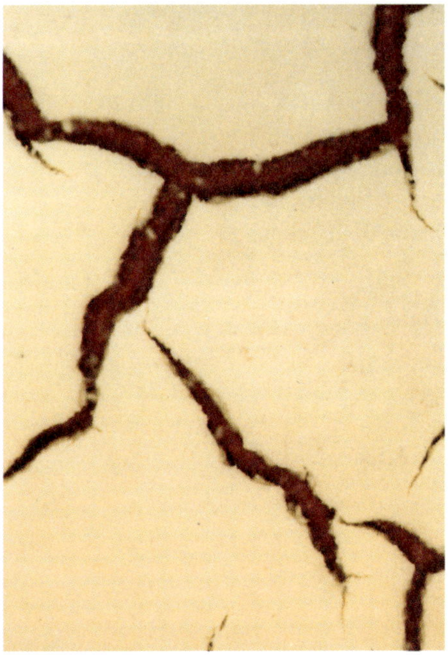

Bild 243.4 Vergrößerung ca. 40fach

7.14 Schleifriefenmarkierung

Schleifriefenmarkierungen treten hauptsächlich dann auf, wenn mit zu groben Schleifpapier gearbeitet wird. Weitere Gründe sind zu niedrige Schichtdicken oder elastische Untergründe. Die durch das Schleifpapier im Untergrund entstandenen Schleifriefen werden nicht mehr durch den Decklack abgedeckt und markieren sich in der Decklackoberfläche als Riefen. Zu beheben sind diese Riefen durch Anschleifen und Neulackierung.

Bild 245.1

Schleifriefenmarkierungen in einem schwarzen Decklack in Originalgröße bei Reflexbeleuchtung. Diese Markierungen entstanden durch einen Trockenschliff mit einem zu groben Schleifpapier. Es markieren sich deutlich die Riefen im Decklack.

Bild 245.2

Gleicher Aufbau wie bei Bild 245.1. Hier wurde jedoch mit dem gleichen Schleifmittel naß geschliffen. Dadurch ist die Schleifriefenmarkierung im Decklack nicht so ausgeprägt.

Bild 245.3

10fache Vergrößerung der in Bild 245.1 gezeigten Oberflächenstörung bei Koaxialbeleuchtung. Bei dieser Vergrößerung werden die einzelnen Riefen deutlich sichtbar.

7.14 Sanding marks

Sanding marks mainly occur when the sanding paper used is too coarse. Other reasons are too thin paint coats or elastic substrates. The marks left in the substrate by the sanding paper are not covered by the topcoat and are still visible on the surface. These marks can be removed by light sanding and refinishing.

Fig. 245.1

Reproduction of sanding marks in a black topcoat in original size and under reflex illumination. These marks were caused by dry sanding with excessively coarse sanding paper. There are obvious marks in the topcoat.

Fig. 245.2

The same paint build-up as shown in fig. 233.1. Here the same sanding material was used for wet sanding. Therefore the marks in the topcoat are not as deep.

Fig. 245.3

10x magnification of the surface damage shown in fig. 245.1. under coaxial illumination. This magnification clearly shows the individual marks.

Bild 245.1 Originalgröße

Bild 245.2 Originalgröße

Bild 245.3 Vergrößerung ca. 10fach

7.15 Schmutzeinschlüsse

Für eine optimale Lackierung wird eine sauberes Umfeld benötigt. In einer verstaubten Lackierkabine und ohne entsprechende Lackierkleidung ist eine saubere, stippenfreie Lackierung nicht zu bewerkstelligen. Viele Schmutzeinschlüsse in der Lackierung hätten mit ein wenig mehr Sauberkeit vermieden werden können. Die Verschmutzung kann man in zwei große Gruppen einteilen. Zum einen Schmutz aus der Lackierkabine und zum anderen Verschmutzungen, die durch den Lackierer selbst hervorgerufen wurden (z.B. durch Kleidung). Auf der gegenüberliegenden Seite werden Schmutzeinschlüsse gezeigt, die aus dem Kabinenbereich stammen.

Bild 247.1 und Bild 247.2

Einschluß eines Spritznebelagglomerats im Klarlack. Diese Spritznebelzusammenballungen sind typisch für Ablagerungen in einer Spritzkabine, die ab einer gewissen Größe durch mechanische Einflüsse herabfallen und in den Lack gelangen.

Bild 247.3 und Bild 247.4

Querschliff der in Bild 247.1 und Bild 247.2 gezeigten Fehlstellen. Deutlich sichtbar sind die mehrfarbigen kugelförmigen Einschlüsse im Klarlack. Diese Fehlstellen sind visuell ohne optische Hilfsmittel als Klarlackstippen zu erkennen. In der Regel können diese Partikel mit Schleif- und/oder Poliermitteln beseitigt werden.

7.15 Dirt inclusions

Optimum (re)finishing results can be obtained only in a clean environment. A perfect finish without specks cannot be obtained if the spray booth is dusty and/or the working clothes are unsuitable. Most of the very frequent dirt inclusions in vehicle finishes might have been avoided if only the working conditions had been a little cleaner. There are two categories of dirt: dirt coming from the spray booth and dirt originating from the refinisher, e. g. from his clothes. The right page shows dirt inclusions originating from the spray booth.

Fig. 247.1 and 247.2

Inclusion of a spray mist agglomeration in a clearcoat. These spray mist accumulations are typical of deposits in the spray booth which start falling down once they have reached a certain size and then get included in the paint.

Fig. 247.3 and 247.4

Cross-section of the defects shown in fig. 247.1 and 247.2. The multi-coloured, ball-shaped inclusions in the clearcoat are clearly visible. The defects are discernible to the naked eye as clearcoat specks. Usually, these particles can be removed with a sanding and/or polishing agent.

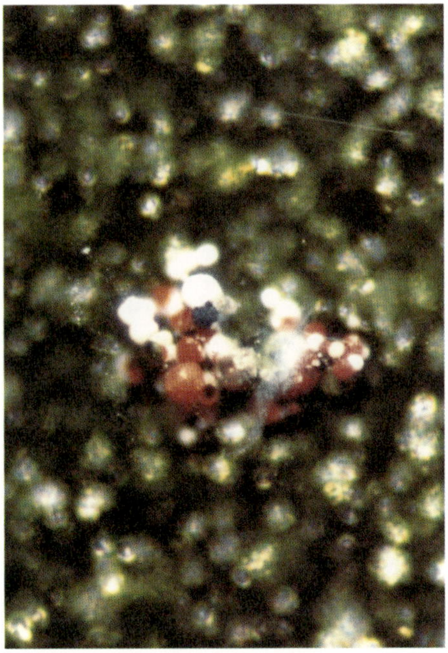

Bild 247.1 Vergrößerung ca. 125fach

Bild 247.2 Vergrößerung ca. 60fach

Bild 247.3 Vergrößerung ca. 125fach

Bild 247.4 Vergrößerung ca. 125fach

Die zweite Art der Schmutzeinschlüsse sind Fasereinschlüsse. Diese Fasern stammen größtenteils aus der Lackiererkleidung und von Reinigungstüchern. Um diese Faserkontaminationen, so weit es geht, zu reduzieren, werden dafür entsprechende flusenfreie Lackieranzüge und Staubbindetücher angeboten. Kaum sichtbare Fasern verursachen im Lackfilm aufgrund ihrer Proportionen sehr große Störungen, die allerdings mit geeigneten Schleif- und Poliermitteln im getrockneten Lackfilm zu beseitigen sind.

Bild 249.1 und Bild 249.2

Aufsichten von Fasereinschlüssen in einem schwarzen Uni-Decklack in Originalgröße bei Reflexbeleuchtung. Sehr gut sichtbar sind die Decklackstippen, verbunden mit Fließstrukturen, die beim Verlaufen des Lacks entstanden sind.

Bild 249.3

50fache Vergrößerung eines Fasereinschlusses in einem beigen Decklack. Die farblose Faser ist fast vollständig vom Lack umhüllt.

Bild 249.4

15fache Vergrößerung zweier Fasereinschlüsse in einem Decklack, dargestellt mit Koaxialbeleuchtung.

Fibre inclusions are another variant of dirt inclusions. These fibres mainly originate from the refinisher's clothes and cleaning cloths. These fibre contaminations can be avoided to a large extent by using lint-free refinishing suits and tack rags. Hardly visible fibres cause severe damages in the paint film, which can, however, be removed with suitable sanding and polishing agents once the paint film has dried.

Fig. 249.1 and 249.2

Top views of fibre inclusions in a black solid-coloured topcoat in original size and under reflex illumination. The topcoat specks are coupled with flow structures which occurred when the paint levelled out.

Fig. 249.3

50x magnification of a fibre inclusion in a beige topcoat. The transparent fibre is almost completely enveloped by the paint.

Fig. 249.4

15x magnification of two fibre inclusions in a topcoat under coaxial illumination.

Bild 249.1 Originalgröße

Bild 249.2 Originalgröße

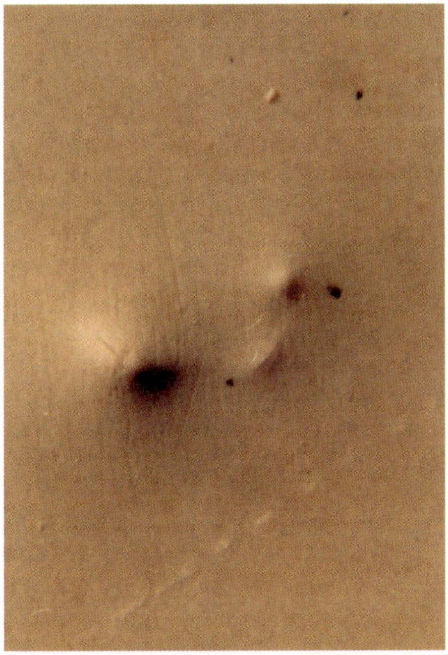

Bild 249.3 Vergrößerung ca. 50fach

Bild 249.4 Vergrößerung ca. 15fach

7.16 Vermattung/ Glanzverlust

Außer durch Bewitterungseinflüsse kann es auch durch Applikationsfehler zu Vermattungen bzw. Glanzverlusten in Klarlacken oder pigmentierten Decklacken kommen. Ursachen hierfür sind z.B. außergewöhnliche klimatische Verhältnisse wie Kälte, verbunden mit niedriger Luftfeuchtigkeit, und Hitze, verbunden mit hoher Luftfeuchtigkeit. Weitere Ursachen sind schlechte Luftzirkulation in der Spritzkabine, Einsatz nicht geeigneter Verdünnungen, Anlösen des Untergrundes und Einsatz überalteter oder bereits mit Feuchtigkeit kontaminierter Härter.

Zu beheben sind diese Störungen entweder durch Polieren oder bei starker Vermattung durch Anschliff der Lackoberfläche und Neulackierung.

Bild 251.1

Darstellung einer Decklackoberfläche mit normalem Glanz in Originalgröße bei Reflexbeleuchtung.

Bild 251.2

Darstellung einer Decklackoberfläche, die einen starken Glanzverlust aufweist, in Originalgröße bei Reflexbeleuchtung.

Bei beiden Aufnahmen handelt es sich um das gleiche Lacksystem.

7.16 Matting/loss of gloss

In addition to weathering, faulty application may cause matting and loss of gloss in clearcoats or pigmented topcoats, too. The causes are e. g. extraordinary climatic conditions such as cold coupled with low relative humidity and heat coupled with high relative humidity. Other causes are poor air circulation in the spray booth, the use of unsuitable thinners, dissolving of the substrate and@bodybeide = the use of old hardeners or hardeners contaminated by humidity.

These defects can be removed by polishing or, in the case of severe matting, by light sanding of the paint surface and subsequent refinishing.

Fig. 251.1

Reproduction of a topcoat surface with normal gloss in original size and under reflex illumination.

Fig. 251.2

Reproduction of a topcoat surface showing severe loss of gloss in original size and under reflex illumination.

Both reproductions show the same paint system.

Bild 251.1 Originalgröße

Bild 251.2 Originalgröße

7.17 Wasserflecken

Falls frisch lackierte und noch nicht ausgehärtete Lackierungen mit Wasser in Berührung kommen, kann es zur Bildung von Wasserflecken kommen. Falls diese Flecken nicht mit Polieren zu beseitigen sind , muß angeschliffen und neu lackiert werden.

Bild 253.1

Wasserflecken in einem schwarzen Uni-Decklack in Originalgröße bei Reflexbeleuchtung. Deutlich sichtbar sind die Flecken, an deren Rändern sich eine leichte Wulst gebildet hat.

Bild 253.2

Wasserflecken in einem blauen Uni-Decklack, leicht vergrößert dargestellt. Hier markieren sich weißliche Flecken in der Decklackoberfläche.

7.17 Water stains

When fresh paints that have not cured completely get into touch with water, water stains may occur. If these stains cannot be removed by polishing, the damaged area must be sanded and refinished.

Fig. 253.1

Water stains on a black solid-coloured topcoat in original size and under reflex illumination. On the edges of the stains, there are small bulges.

Fig. 253.2

Water stains on a blue solid-coloured topcoat, slightly magnified. They leave whitish marks on the topcoat surface.

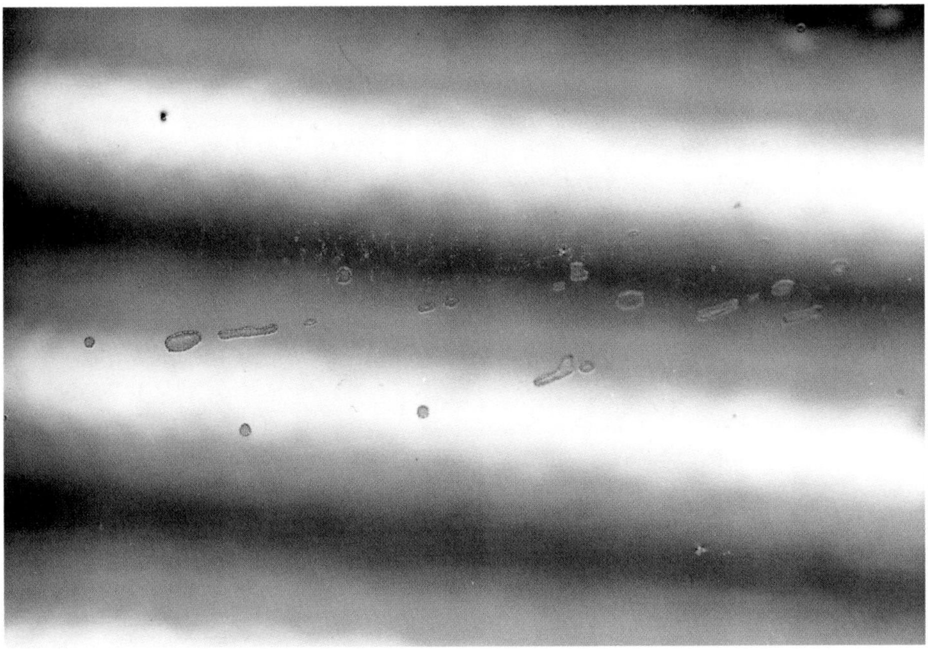

Bild 253.1 Originalgröße

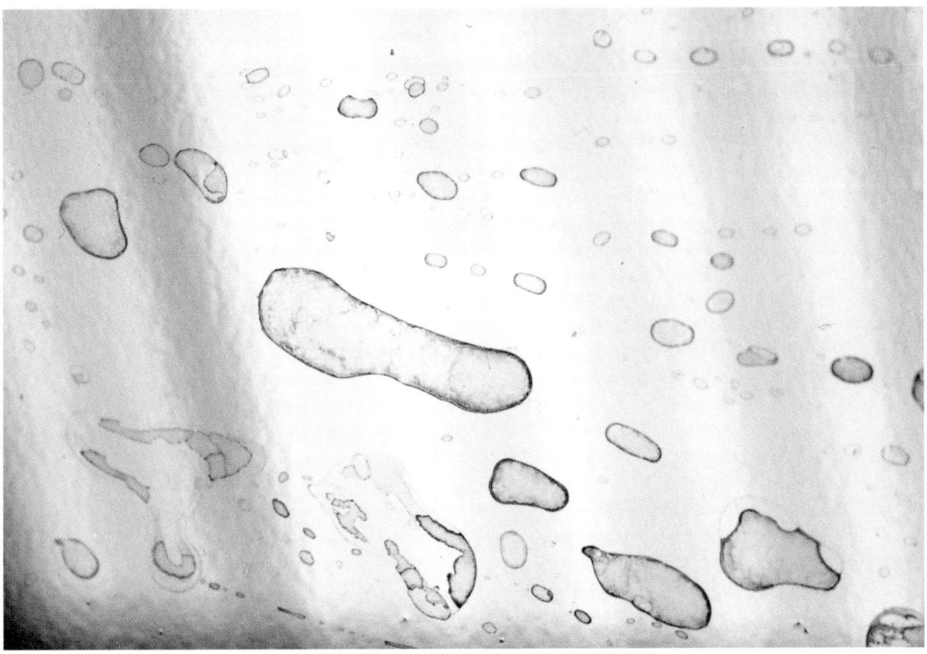

Bild 253.2 Vergrößerung ca. 2fach

Diverses
Miscellaneous

KAPITEL 8

8 Diverses

In diesem Kapitel finden sich die Erscheinungsbilder, die nicht in die vorherigen Kapitel einzuordnen waren.

Hierbei handelt es sich um Erscheinungen wie Anlösen, Ausschwimmen und Bronzedeformationen.

Außerdem finden sich hier Tips und Informationen zur Vorbehandlung von Aluminiumoberflächen und ein Beispiel, wie man sich anhand von Durchschliffen einen Eindruck der Altlackierung verschaffen kann.

8 Miscellaneous

This chapter comprises all paint damages that could not be assigned to one of the previous categories.

These damages are redissolving, floating and aluminium flake deformations.

This chapter also includes a number of tips and pieces of information with regard to the preparation of aluminium surfaces and a demonstration of how to get an impression of the old finish by means of through sanding.

8.1 Anlösen

Beim Anlösen werden der Basislack durch den Klarlack angelöst und die Orientierung der Aluminiumpigmente verändert. Aus diesem Grund wirkt die Bronze im angelösten Basislack um ein bis zwei Größenordnungen grober. Außerdem erscheint der angelöste Basislack im Gegensatz zum normalen Basislack grauer. Eine Folgeerscheinung ist eine Verstärkung der Oberflächenstruktur des Klarlacks bis hin zur Vermattung. Dieser Effekt entsteht in der Regel dann, wenn der Basislack zu naß, ohne Zwischenabluft und in zu hoher Schichtdicke appliziert wird.

Bild 259.1

Gegenüberstellung eines angelösten Basislacks mit einem normalen Basislack. Bei beiden Basislacken handelt es sich ursprünglich um den gleichen Farbton. Nach der Klarlackapplikation traten diese starken Farbtondifferenzen auf.

Bild 259.2

10fache Vergrößerung einer normalen Klarlackoberfläche mit Koaxialbeleuchtung . Zu erkennen ist die Oberflächentopographie des Klarlacks.

Bild 259.3

10fache Vergrößerung einer Klarlackoberfläche bei einem Anlöseeffekt. Im Gegensatz zum Bild 259.2 ist hier eine sehr starke Oberflächenstruktur zu erkennen.

8.1 Redissolving

When the basecoat is redissolved by the clearcoat, the orientation of the aluminium pigments is changed. This is why the bronze contained in the redissolved basecoat appears to be one or two sizes coarser. And the redissolved basecoat appears to be greyer than the normal basecoat. The severe surface structurization of the clearcoat may even lead to matting. This effect may be controlled by certain solvent variations in the clear so that this damage occurs very rarely.

Fig. 259.1

Comparison of a redissolved basecoat and a normal basecoat. Originally, both basecoats had the same colour shade. These striking colour shade differences occurred after the clearcoat application.

Fig. 259.2

10x magnification of a normal clearcoat surface using coaxial illumination. The clearcoat surface is slightly structured.

Fig. 259.3

10x magnification of a clearcoat surface with redissolving effect. In contrast to fig. 259.2, a severe surface structure is obvious here.

Bild 259.1 Originalgröße

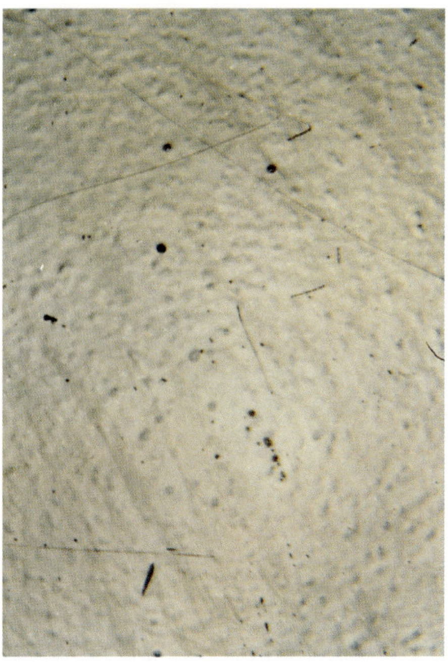

Bild 259.2 Vergrößerung ca. 10fach

Bild 259.3 Vergrößerung ca. 10fach

Zur besseren Darstellung eines Anlöseprozesses wird auf der folgenden Seite ein übermäßig stark angelöster Basislack im Querschliff gezeigt.

Bild 261.1

Querschliff eines von einem Klarlack angelösten schwarzen Metallic-Basislacks bei 125facher Vergrößerung. Sichtbar ist die stark ausgeprägte Oberflächentopographie des Basislacks, die sich bis zur Klarlackoberfläche fortsetzt. Außerdem haben sich Teile des Basislacks abgelöst und sind zur Klarlackoberfläche aufgeschwommen.

Bild 261.2

Gleiches Phänomen wie bei Bild 261.1, jedoch in 250facher Vergrößerung. Außer der ausgeprägten Basislacktopographie weist die unter dem Basislack befindliche Füllerschicht eine braun/beige Marmorierung auf. Diese Eigenart ist auf eine Naß-in-Naß-Applikation von Füller und Steinschlagzwischengrund (Serienlackierung) zurückzuführen.

In order to demonstrate the redissolving process more clearly, the next page shows a cross-section of a basecoat that has been severely redissolved.

Fig. 261.1

Cross-section of a black metallic basecoat redissolved by a clear at 125x magnification. The structured surface topography continues through to the clearcoat surface. In addition, parts of the basecoat have been dissolved and floated up to the clearcoat surface.

Fig. 261.2

The same phenomenon as in fig. 261.1, but at 250x magnification. Apart from the strong basecoat topography, the filler coat beneath the basecoat is marbled in brown/beige. This characteristic is due to the wet-on-wet application of the filler and the intermediate stone-chip primer (factory finish).

Bild 261.1 Vergrößerung ca. 125fach

Bild 261.2 Vergrößerung ca. 250fach

8

8.2 Ausschwimmen

In einem Lacksystem kann es durch Wechselwirkungen zwischen der Oberflächenspannung und der Dichte der eingesetzten Pigmente in einem frisch applizierten, noch nicht angetrockneten Lackfilm zu Strudelwirkungen kommen. Diese Strudel führen zu einer Separierung der Pigmente. Bei den auf der gegenüberliegenden Seite gezeigten Beispielen handelt es sich um Lacke, in denen Titandioxid (anorganisches Weißpigment) und Heliogenblau (organisches Blaupigment) eingesetzt wurden. Das Heliogenblau schwimmt aufgrund seiner geringeren Dichte auf, und der größte Anteil des Titandioxids (grobe Anteile) sackt ab und sedimentiert. Es bilden sich an der Lackoberfläche Benardsche Zellen, in denen sich die Pigmente entsprechend inhomogen verteilen. Durch Additive kann dieser Effekt reduziert bzw. beseitigt werden.

Bild 263.1

10fache Vergrößerung der Oberfläche des o.g. Lacks. Deutlich sichtbar ist die inhomogene Verteilung der Pigmente (Benardsche Zellen).

Bild 263.2

Wie Bild 263.1, jedoch bei 40facher Vergrößerung.

Bild 263.3

Hier wurde das Ausschwimmen der Pigmente im gleichen System durch Additive abgeschwächt.

Bild 263.4

Wie Bild 263.3, jedoch bei 40facher Vergrößerung.

8.2 Floating

Interactions between the surface tension and the desity of the pigments used in a paint system can give rise to tubulence causing the pigments to segregate in the freshly applied, still moist paint film. The right page shows examples of paints in which titanium oxide (anorganic white pigment) and heliogenic blue (organic blue pigment) were used. Due to its lower density, the heliogenic blue floats while the major part of the titanium dioxide (coarse particles) sinks and sediments. Bénard cells, in which the pigments are distributed inhomogeneously, start to form on the paint surface. This effect may be reduced or removed by the use of additives.

Fig. 263.1

10x magnification of the surface of the a/m paint. The inhomogeneous distribution of the pigments (Bénard cells) is clearly visible.

Fig. 263.2

As fig. 263.1 at 40x magnification.

Fig. 263.3

Here the floating of the pigments in the same system has been reduced by means of additives.

Fig. 263.4

As fig. 263.3 at 40x magnification.

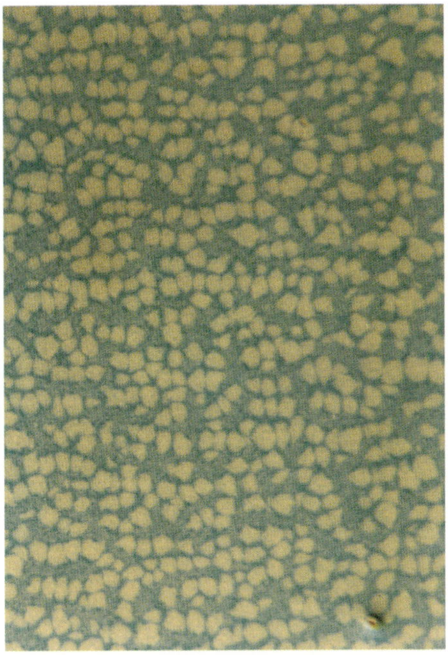

Bild 263.1 Vergrößerung ca. 10fach

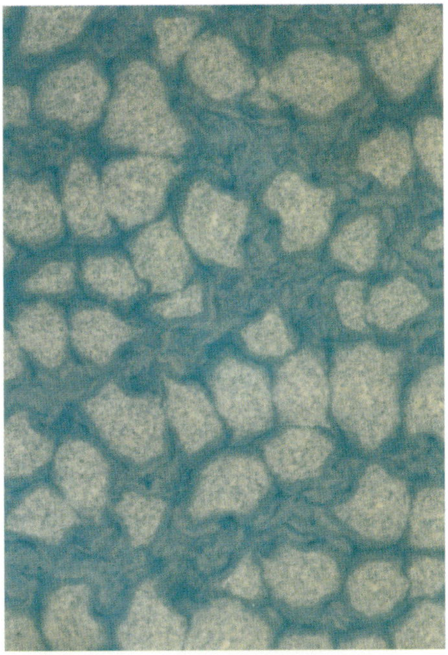

Bild 263.2 Vergrößerung ca. 40fach

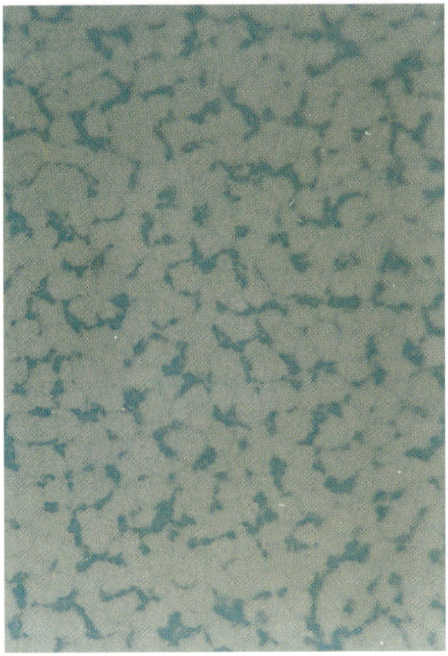

Bild 263.3 Vergrößerung ca. 10fach

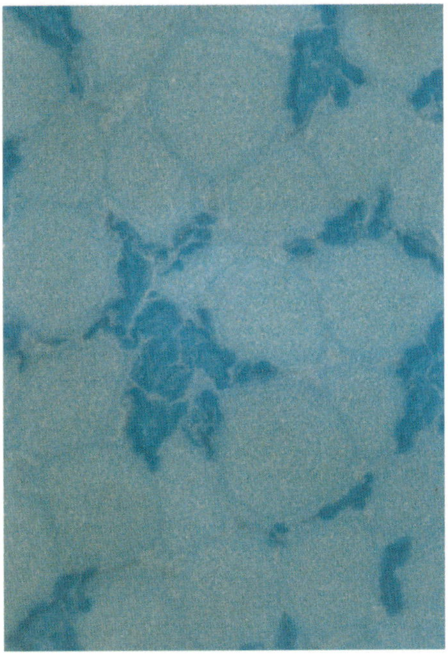

Bild 263.4 Vergrößerung ca. 40fach

8.3 Bronzedeformation

Um einen optimalen Metalliceffekt in einem Basislack zu erreichen, müssen die für diesen Effekt verantwortlichen Aluminiumpigmente im Basislack eine definierte Lage einnehmen. Diese Ausrichtung wird durch diverse Additive erzeugt.

Aufgrund verschiedener Einflüsse kann es durchaus vorkommen, daß diese Aluminiumpigmente nicht optimal ausgerichtet oder deformiert sind. Ursachen hierfür sind falsche Spritzparameter oder starke Scherkräfte.

Bild 265.1

Querschliff durch ein intaktes 2-Schicht-Metallic-System. Es ist eine horizontale Ausrichtung der Aluminiumpigmente zu erkennen.

Bild 265.2

Querschliff durch ein 2-Schicht-Metallic-System, in dem die im Basislack befindlichen Aluminiumpigmente zum einen diagonal oder vertikal ausgerichtet, zum anderen stark deformiert sind. Das Ergebnis ist eine Farbtonveränderung des Basislacks und eine Stippenbildung, die sich bis zur Klarlackoberfläche fortsetzt.

Bild 265.3

Wie Bild 265.2.

8.3 Aluminium flake deformation

In order to obtain the optimum metallic effect in a basecoat, the aluminium pigments causing this effect must take up a defined position. This orientation is obtained by means of various additives.

Various factors such as wrong spray parameters or strong shearing forces may cause suboptimal orientation or deformation of these aluminium pigments.

Fig. 265.1

Cross-section of an intact two-coat metallic system. The aluminium pigments are oriented horizontally.

Fig. 265.2

Cross-section of a two-coat metallic system in which the aluminium particles contained in the basecoat are diagonally or vertically oriented and deformed. Due to this defect, the basecoat has

changed its colour shade and specks have started to form up to the clearcoat surface.

Fig. 265.3

As fig. 265.1

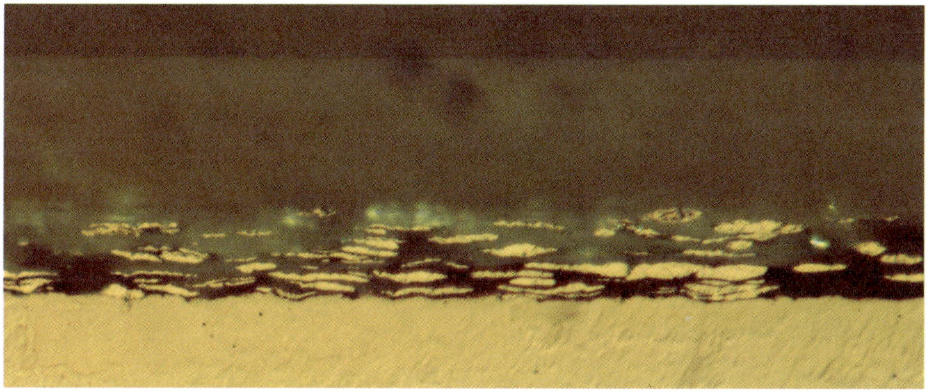

Bild 265.1 Vergrößerung ca. 510fach

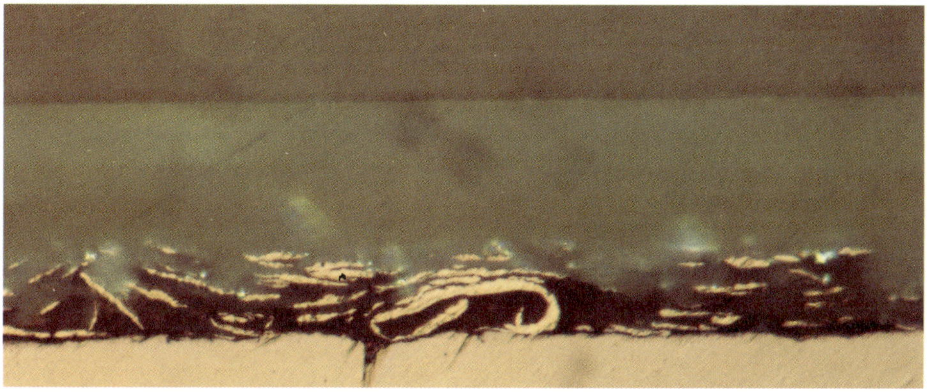

Bild 265.2 Vergrößerung ca. 510fach

Bild 265.3 Vergrößerung ca. 510fach

8.4 Durchschliff

Anhand von Durchschliffen ist es sehr leicht möglich, mit geringem Aufwand die Anzahl der Einzelschichten einer Altlackierung sichtbar zu machen.

Um einen Durchschliff anzufertigen, schleift man mit einem feinen Schleifpapier (möglichst naß) die Lackoberfläche an, bis das Substrat erreicht ist. Diese Methode ist außerdem sehr wichtig, um thermoplastische oder wiederanlösbare Altlackierungen zu definieren.

Bild 267.1

Durchschliff durch eine aus mindestens 14 Einzelschichten bestehende Altlackierung in Originalgröße.

Bild 267.2

Durchschliff durch eine aus mindestens 10 Einzelschichten bestehende Altlackierung in Originalgröße.

8.4 Through-sanding

The number of individual paint coats of an old finish can easily be revealed by means of through-sanding.

For this purpose, a fine sanding paper (wet, if possible) is used to sand the paint surface down to the substrate. This is also an important method to define thermoplastic or redissolvable old finishes.

Fig. 267.1

Through-sanding of an old finish comprising at least 14 individual paint coats in original size.

Fig. 267.2

Through-sanding of an old finish comprising at least 10 individual paint coats in original size.

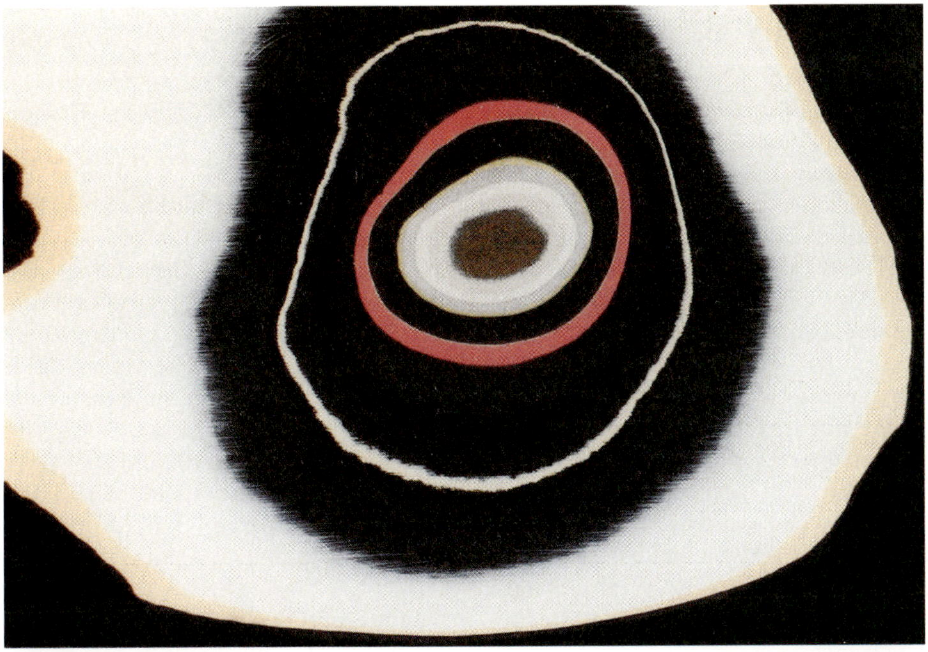

Bild 267.1 Originalgröße

Bild 267.2 Originalgröße

8

8.5 Schliffbilder

Um eine gute Haftung zu erreichen, muß der Untergrund entsprechend vorbereitet werden. Hierzu gehören das Reinigen mit Entfettungsmittel bzw. mit Siliconentferner und das Schleifen. Da es verschiedene Schleifmittel und Schleifgeräte gibt, ist es sehr wichtig, die Vorschriften einzuhalten und die empfohlenen Geräte und Mittel einzusetzen. Auf den nächsten drei Seiten wird gezeigt, wie eine Aluminiumoberfläche vor bzw. nach der Bearbeitung mit entsprechenden Materialien auszusehen hat.

Bild 269.1

Aluminiumoberfläche, nicht behandelt, in Originalgröße bei Reflexbeleuchtung.

Bild 269.2

Aluminiumoberfläche mit 120er Schleifpapier per Hand geschliffen.

Bild 269.3

Aluminiumoberfläche mit 120er Schleifpapier und Rutscher geschliffen.

Bild 269.4

Aluminiumoberfläche mit rotem Pad und Rutscher geschliffen

Bild 270.1 bis Bild 270.4

Wie Bilder 269.1 bis 269.4, in gleicher Reihenfolge bei 10facher Vergrößerung.

Bild 271.1 bis Bild 271.4

Wie Bilder 269.1 bis Bild 269.4, in gleicher Reihenfolge bei 40facher Vergrößerung.

8.5 Sanding

For good adhesion results, the substrate must be prepared accordingly. This includes cleaning with degreasing agent or silicon remover and subsequent sanding. Due to the large number of sanding materials and sanding devices, it is important to follow the instructions and use the recommended devices and materials. The following three pages show an aluminium surface before and after correct treatment with these materials.

Fig. 269.1

Untreated aluminium surface in original size and under reflex illumination.

Fig. 269.2

Aluminium surface sanded manually with P 120 sanding paper.

Fig. 269.3

Aluminium surface sanded with P 120 sanding paper and vibrating grinder.

Fig. 269.4

Aluminium surface sanded with red pad and vibrating grinder.

Fig. 270.1 to fig. 270.4

As figures 269.1 to 269.4 in the same order at 10x magnification.

Fig. 271.1 to fig. 271.4

As figures 269.1 to 269.4 in the same order at 40x magnification.

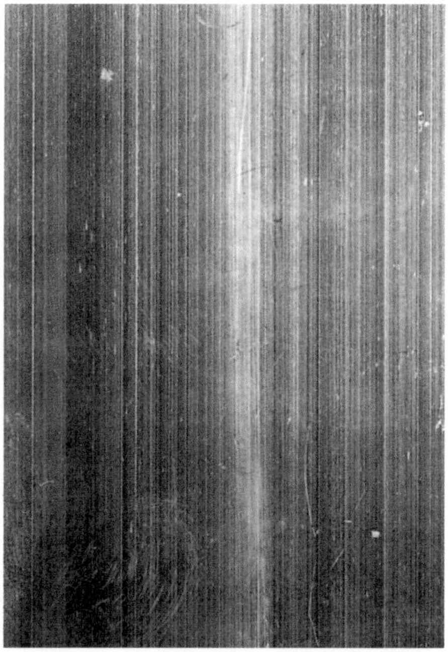

Bild 269.1 Originalgröße

Bild 269.2 Originalgröße

Bild 269.3 Originalgröße

Bild 269.4 Originalgröße

Bild 270.1 Vergrößerung ca. 10fach

Bild 270.2 Vergrößerung ca. 10fach

Bild 270.3 Vergrößerung ca. 10fach

Bild 270.4 Vergrößerung ca. 10fach

Bild 271.1 Vergrößerung ca. 40fach

Bild 271.2 Vergrößerung ca. 40fach

Bild 271.3 Vergrößerung ca. 40fach

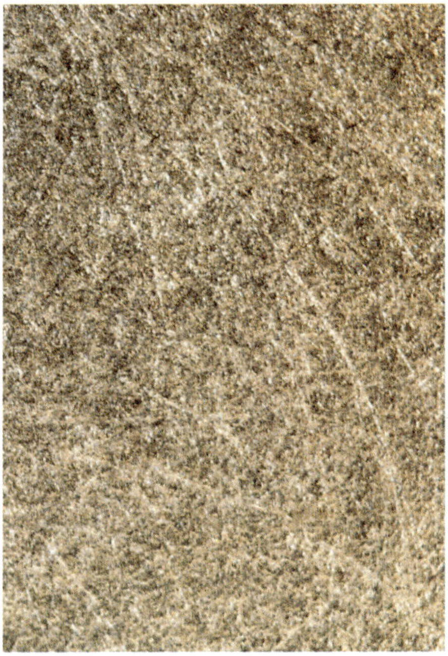

Bild 271.4 Vergrößerung ca. 40fach

8

Bei folgenden Personen möchten wir uns für die geleistete Hilfe und Beratung bedanken:

We are grateful to the following colleagues and friends for advice and recommendations:

Dr. Martin Breucker
Michael Gemeinhardt
Thomas Haase
Helmut Hoffmann
Pia von den Kerkhoff
Sabine Kirchhoff
Petra Schäfer
Reinhard Sellmann

Stichwortverzeichnis

Index